"集成电路设计与集成系统"丛书

超大规模集成电路设计
从工具到实例

王晓袁　邹雪　张颖　编著

Design of Very Large Scale Integrated Circuits
From Tools to Examples

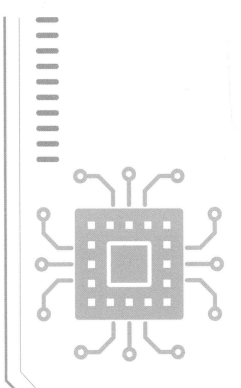

化学工业出版社
·北京·

内容简介

本书基于设计实践需求，以器件、电路和系统设计为背景，较为全面地讲解了超大规模集成电路的基础知识和设计方法。

主要内容包括：集成电路设计概论、集成电路制造工艺、超大规模集成电路设计方法、器件设计实例、互连设计实例、CMOS反相器设计实例、组合逻辑电路设计实例、时序逻辑电路设计实例、存储器设计实例。内容涵盖全定制及半定制设计方法，先介绍流程，再剖析案例，使用的集成电路设计工具丰富，步骤详实，工程实践性强。

本书可供集成电路、芯片、半导体及相关行业的工程技术人员使用，也可作为教材供高等院校相关专业师生学习参考。

图书在版编目（CIP）数据

超大规模集成电路设计：从工具到实例 / 王晓袁，邹雪，张颖编著. -- 北京 ： 化学工业出版社，2024.10. -- （"集成电路设计与集成系统"丛书）. -- ISBN 978-7-122-46275-6

Ⅰ. TN470.2

中国国家版本馆CIP数据核字第2024DM3549号

责任编辑：贾　娜　毛振威　　　　装帧设计：史利平
责任校对：李雨晴

出版发行：化学工业出版社
　　　　　（北京市东城区青年湖南街 13 号　邮政编码 100011）
印　　装：河北京平诚乾印刷有限公司
787mm×1092mm　1/16　印张 11　字数 262 千字
2024 年 10 月北京第 1 版第 1 次印刷

购书咨询：010-64518888　　　　售后服务：010-64518899
网　　址：http://www.cip.com.cn
凡购买本书，如有缺损质量问题，本社销售中心负责调换。

定　　价：79.00 元　　　　　　　　版权所有　违者必究

集成电路（IC）是信息技术产业的核心，是支撑经济社会发展和保障国家安全的战略性、基础性产业。从晶体管发明至今，集成电路产业发展迅速，规模不断扩大，成为国民经济中不可或缺的支柱性产业。超大规模集成电路是指芯片含元件数在10万至1000万或1万门级至100万门级的集成电路。IC产业作为一个高新技术产业，渗透力强，附加价值高；技术密集，信息含量大；更新周期快，投资效益好，对相关人才的需求量较大。为培养掌握集成电路设计方法的人才，满足产业发展的需要，我们基于我国自主研发的设计工具——华大九天数字电路设计EDA工具，编写了本书，旨在帮助读者在学习集成电路设计方法的同时，锻炼设计实践能力。

本书基于设计实践需求，以器件、电路和系统设计为背景，较为全面地讲解了超大规模集成电路的基础知识和设计方法。全书共9章，可以归纳成3个部分。第一部分（第1～3章）为基础知识，主要介绍集成电路的发展和分类、超大规模集成电路的质量要求及常见的EDA设计工具。同时，对集成电路的制造工艺进行了介绍，讲解了设计规则、设计时如何选择合适的工艺，以及工艺技术的发展趋势。阐述了超大规模集成电路常见的设计方法，包括结构化设计思想、IP复用技术、全定制设计方法、各种半定制设计方法和可测性设计，可使读者对超大规模集成电路设计有一个基本的了解。第二部分（第4、5章）介绍电路的基本构成部分：器件和互连。器件方面分别介绍了二极管和MOS管的基本原理、设计方法，并通过具体实例对性能仿真优化进行介绍。互连方面通过具体实例介绍导线集总模型和对电路的影响，以及按比例缩小理论。读者通过这两章内容可以了解器件和导线的知识，更好地完成电路的设计和优化。第三部分（第6～9章）为电路设计部分。通过具体实例分别介绍了CMOS反相器设计、组合逻辑电路设计、时序逻辑电路设计、存储器设计等。

本书内容涵盖全定制及半定制设计方法，先介绍流程，再剖析案例，使用的集成电路设计工具丰富，步骤详实，工程实践性强。可供集成电路、芯片、半导体及相关行业的工程技术人员使用，也可作为教材供高等院校相关专业师生学习参考。

本书由王晓袁、邹雪、张颖编著，特别感谢杭州士兰集成电路有限公司提供了行业前沿发展情况和应用实例。

由于集成电路产业发展迅速，技术更新日新月异，同时因为编写人员水平所限，书中难免有不足和疏漏之处，真诚希望广大读者提出宝贵的意见和建议，以利于我们不断改进。

编著者

目录

第8章　时序逻辑电路设计实例

本书内容

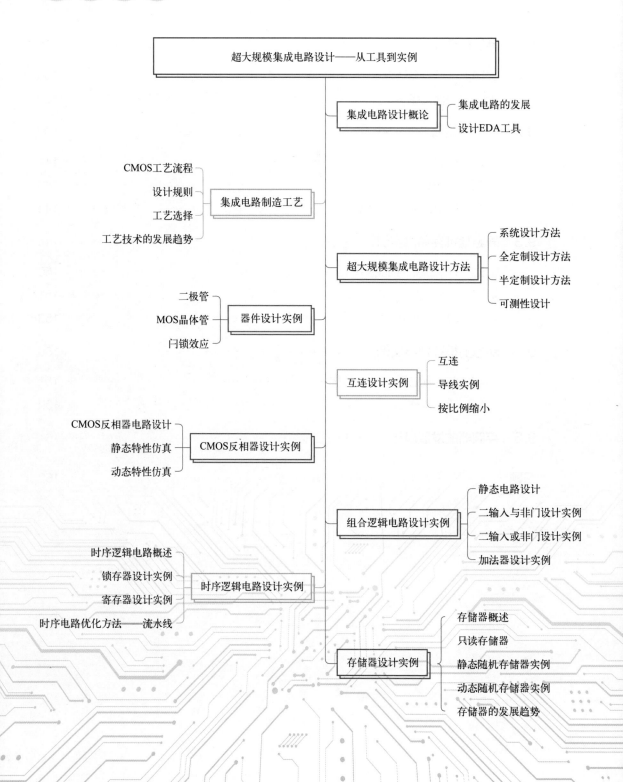

超大规模集成电路设计——从工具到实例

集成电路设计概论
- 集成电路的发展
- 设计EDA工具

集成电路制造工艺
- CMOS工艺流程
- 设计规则
- 工艺选择
- 工艺技术的发展趋势

超大规模集成电路设计方法
- 系统设计方法
- 全定制设计方法
- 半定制设计方法
- 可测性设计

器件设计实例
- 二极管
- MOS晶体管
- 闩锁效应

互连设计实例
- 互连
- 导线实例
- 按比例缩小

CMOS反相器设计实例
- CMOS反相器电路设计
- 静态特性仿真
- 动态特性仿真

组合逻辑电路设计实例
- 静态电路设计
- 二输入与非门设计实例
- 二输入或非门设计实例
- 加法器设计实例

时序逻辑电路设计实例
- 时序逻辑电路概述
- 锁存器设计实例
- 寄存器设计实例
- 时序电路优化方法——流水线

存储器设计实例
- 存储器概述
- 只读存储器
- 静态随机存储器实例
- 动态随机存储器实例
- 存储器的发展趋势

第 1 章

集成电路设计概论

▶▶ 思维导图

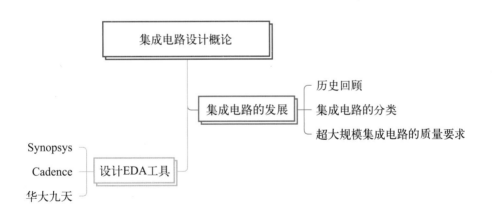

集成电路（integrated circuit，IC）是一种微型电子器件或部件。它是经过氧化、光刻、扩散、外延、蒸铝等半导体制造工艺，把一个电路中所需的晶体管、电阻、电容和电感等元件及布线互连一起，制作在一小块或几小块半导体晶片或介质基片上，然后封装在一个管壳内，成为具有所需电路功能的微型结构；其中，所有元件在结构上已组成一个整体，使电子元件向着微小型化、低功耗、智能化和高可靠性方面迈进了一大步。

集成电路是 20 世纪 50 年代后期到 60 年代发展起来的一种半导体器件。集成电路技术包括芯片制造技术与设计技术，主要体现在加工设备、加工工艺、封装测试、批量生产及设计创新的能力上。

集成电路发明至今 60 多年的时间内，不断飞速发展，形成了集成电路产业，对社会的进步做出了重大的贡献。现在，集成电路已经在各行各业中发挥着非常重要的作用，是现代信息社会的基石。集成电路的含义，已经远远超出其刚诞生时的定义范围，但其最核心的部分仍然没有改变，那就是"集成"，其所衍生出来的各种学科，大都是围绕着"集成什么""如何集成""如何处理集成带来的利弊"这三个问题来开展的。硅集成电路是主流，就是把实现某种功能的电路所需的各种元件都放在一块硅片上，所形成的整体被称作集成电路。

集成电路具有体积小、重量轻、引出线和焊接点少、寿命长、可靠性高、性能好等优点，同时成本低，便于大规模生产。它不仅在工业、民用电子设备（如收录机、电视机、计算机等方面）得到广泛的应用，同时在军事、通信、遥控等方面也得到广泛的应用。用集成电路来装配电子设备，其装配密度大大提高，设备的稳定工作时间也可大大提高。

1.1.1 历史回顾

世界上第一台通用计算机"ENIAC"于 1946 年 2 月 14 日在美国宾夕法尼亚大学诞生，发明人是美国人莫奇利（John W. Mauchly）和艾克特（J. Presper Eckert）等。它是一个庞然大物，用了约 18000 个电子管，占地 $170m^2$，重达 30t，功率约 150kW，耗资 45 万美元。ENIAC 以电子管作为元器件，所以又被称为电子管计算机，是计算机的第一代。电子管计算机由于使用的电子管体积很大，耗电量大，易发热，因而工作的时间不能太长。这台计算机每秒只能进行 5000 次加法运算。世界上第一台通用计算机如图 1-1 所示。

图1-1 世界上第一台通用计算机

显然，占用面积大、无法移动是它最直观和突出的问题。如果能把这些电子元件和连线集成在一小块载体上该有多好！我们相信，有很多人思考过这个问题，也提出过各种想法。典型的如英国雷达研究所的科学家达默，他在 1952 年的一次会议上提出：可以把电子线路中的分立元器件集中制作在一块半导体晶片上，一小块晶片就是一个完整电路，这样一来，电子线路的体积就可大大缩小，可靠性大幅提高。这就是初期集成电路的构想，晶体管的发明使这种想法成为了可能，1947 年美国贝尔实验室（Bell Labs）制造出了第一个晶体管。Bell Labs 的首颗晶体管实验模型如图 1-2 所示。而在此之前要实现电流放大功能只能依靠体积大、耗电量大、结构脆弱的电子管。

晶体管具有电子管的主要功能，并且克服了电子管的上述缺点，因此在晶体管发明后，很快就出现了基于半导体的集成电路的构想，也就很快发明出了集成电路。杰克·基尔比（Jack Kilby）在 1958—1959 年期间发明了锗集成电路。全球第一款基于锗半导体的集成电路如图 1-3 所示。尽管这个集成电路看来还非常粗糙，而且存在一些问题，但集成电路在电子学史上确实是个创新的概念。通过在同一材料块上集成所有元件，并通过上方的金属化层连接各个部分，就不再需要分立的独立元件了，这样，就避免了手工组装元件、导线的步骤。此外，电路的特征尺寸大大降低。

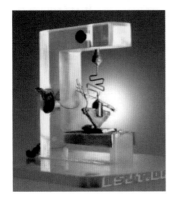

图1-2　Bell Labs 的首颗晶体管实验模型　　　图1-3　全球第一款基于锗半导体的集成电路

1961 年，仙童半导体公司发布了第一款商用集成电路。此后，所有计算机都使用集成芯片来替代分离晶体管电路。TI 公司则在 1962 年将芯片应用于美国空军机载计算机中，以及"民兵"导弹中。后来他们使用芯片制作了第一台便携式计算器。最初的集成芯片只包含一个晶体管，大小相当于人的小手指。随着电子设计自动化的逐步发展，制造工艺中的许多流程可以实现自动控制。自此，把所有元件集成到单一硅片上的想法得以实现，小规模集成电路（SSI）时代始于 20 世纪 60 年代早期，后来经历中规模集成电路（MSI，1960 年晚期）、大规模集成电路（LSI）和超大规模集成电路（VLSI，1980 年早期）。超大规模集成电路的晶体管数量可以达到 10000 个。现在一个硬币大小的集成电路就集成了 1.25 亿个晶体管。

1.1.2　集成电路的分类

① 集成电路按其功能、结构的不同，可以分为模拟集成电路、数字集成电路和数 / 模混合集成电路三大类。

模拟集成电路又称线性电路，主要是指由电容、电阻、晶体管等组成的模拟电路集成在一起用来处理模拟信号的集成电路。有许多模拟集成电路，如运算放大器、模拟乘法器、锁相环、电源管理芯片等。模拟集成电路的主要构成电路有：放大器、滤波器、反馈电路、基准源电路、开关电容电路等。模拟集成电路设计主要是通过有经验的设计师进行手动的电路调试、模拟而得到。

数字集成电路是基于数字逻辑（布尔代数）设计和运行的，用于处理数字信号的集成电路。根据集成电路的定义，也可以将数字集成电路定义为：将元器件和连线集成于同一半导体芯片上而制成的数字逻辑电路或系统。可将数字逻辑电路分为组合逻辑电路和时序逻辑电路两大类。在组合逻辑电路中，任意时刻的输出仅取决于当时的输入，而与电路以前的工作状态无关。最常用的组合逻辑电路有编码器、译码器、数据选择器、多路分配器、数值比较器、全加器、奇偶校验器等。在时序逻辑电路中，任意时刻的输出不仅取决于该时刻的输入，还与电路原来的状态有关。因此，时序逻辑电路必须有记忆功能，必须含有存储单元电路。最常用的时序逻辑电路有寄存器、移位寄存器、计数器等。

② 按集成度高低不同，可分为小规模、中规模、大规模及超大规模集成电路等类别。

对模拟集成电路，由于工艺要求较高、电路又较复杂，所以一般认为集成 50 个以下元器件为小规模集成电路，集成 50 ～ 100 个元器件为中规模集成电路，集成 100 个以上元器件为大规模集成电路。

对数字集成电路，一般认为集成 1 ～ 10 个等效门 / 片或 10 ～ 100 个元件 / 片为小规模集成电路，集成 10 ～ 100 个等效门 / 片或 100 ～ 1000 元件 / 片为中规模集成电路，集成 100 ～ 10000 个等效门 / 片或 1000 ～ 100000 个元件 / 片为大规模集成电路，集成 10000 以上个等效门 / 片或 100000 以上个元件 / 片为超大规模集成电路。

对应的英文及缩写如下：

SSI：小规模集成电路（small scale integrated circuit）。

MSI：中规模集成电路（medium scale integrated circuit）。

LSI：大规模集成电路（large scale integrated circuit）。

VLSI：超大规模集成电路（very large scale integrated circuit）。

ULSI：特大规模集成电路（ultra large scale integrated circuit）。

GSI：巨大规模集成电路（giga scale integrated circuits），也被称作极大规模集成电路或超特大规模集成电路。

③ 按其制作工艺不同，可分为半导体集成电路、膜集成电路和混合集成电路三类。

半导体集成电路是采用半导体工艺技术，在硅基片上制作包括电阻、电容、三极管、二极管等元器件并具有某种电路功能的集成电路。膜集成电路是在玻璃或陶瓷片等绝缘物体上，以"膜"的形式制作电阻、电容等无源器件。无源器件的数值范围可以很宽，精度可以很高。但技术水平尚无法达到用"膜"的形式制作晶体二极管、三极管等有源器件，因而使膜集成电路的应用范围受到很大的限制。在实际应用中，多半是在无源膜电路上外加半导体集成电路或分立元件的二极管、三极管等有源器件，使之构成一个整体，这便是混合集成电路。根据膜的厚薄不同，膜集成电路又分为厚膜集成电路（膜厚为 1 ～ 10μm）和薄膜集成电路（膜厚为 1μm 以下）两种。在家电维修和一般性电子制作过程中遇到的主要是半导体集成电路、厚膜电路及少量的混合集成电路。

④ 按导电类型不同，分为双极型集成电路和单极型集成电路两类。

双极型集成电路频率特性好，但功耗较大，而且制作工艺复杂，绝大多数模拟集成电路以及数字集成电路中的 TTL（晶体管 -晶体管逻辑）、ECL（发射极耦合逻辑）等属于这一类。

单极型集成电路工作速度低，但输入阻抗高、功耗小、制作工艺简单、易于大规模集成，其主要产品为 MOS（金属氧化物半导体）型集成电路。MOS 电路又分为 NMOS（N 型 MOS）、PMOS（P 型 MOS）、CMOS（互补型 MOS）。

① NMOS 集成电路是在半导体硅片上，以 N 型沟道 MOS 器件构成的集成电路，参加导电的是电子。

② PMOS 集成电路是在半导体硅片上，以 P 型沟道 MOS 器件构成的集成电路，参加导电的主要是空穴。

③ CMOS 集成电路是由 NMOS 晶体管和 PMOS 晶体管互补构成的集成电路，称为互补型 MOS 集成电路。

1.1.3　超大规模集成电路的质量要求

超大规模集成电路（VLSI）是一种将大量晶体管组合到单一芯片的集成电路，其集成度大于大规模集成电路。集成的晶体管数在不同的标准中有所不同。从 20 世纪 70 年代开始，随着复杂的半导体以及通信技术的发展，集成电路的研究、发展也逐步展开。用超大规模集成电路制造的电子设备，体积小、重量轻、功耗低、可靠性高。利用超大规模集成电路技术可以将一个电子分系统乃至整个电子系统"集成"在一块芯片上，完成信息采集、处理、存储等多种功能。例如，可以将整个 386 微处理机电路集成在一块芯片上，集成了多达 250 万个晶体管。超大规模集成电路研制成功，是微电子技术的一次飞跃，大大推动了电子技术的进步，从而带动了军事技术和民用技术的发展。超大规模集成电路已成为衡量一个国家科学技术和工业发展水平的重要标志，也是世界主要工业国家竞争最激烈的一个领域。

随着技术的不断发展，各种电路功能越来越复杂，将多种功能集成在同一芯片上的需求不断提高，导致集成电路的规模越来越大、时钟频率越来越高、电压越来越低，给超大规模集成电路设计带来了更大的挑战。我们需要从不同的角度来衡量设计质量，定义电路的质量评定标准。

■　（1）集成电路的成本

集成电路的成本分为重复性费用和非重复性费用。

非重复性费用也叫固定成本，主要指设计费用，与产量无关。这一成本与开发设计中的人数及时间有关，在很大程度上受设计复杂性、技术要求难度以及设计人员产出率的影响。设计时间在其中占重要影响地位。对于产量不大的电路，可以采用半定制设计方式，缩短设计时间，降低设计费用。能够自动完成设计过程的部分先进设计方法有助于大大提高设计人员的产出率。在集成电路变得日益复杂的今天，降低设计成本是半导体工业面临的主要挑战之一。

重复性费用也叫可变成本，是指直接用于制造产品的费用，因此与产品的产量成正比。可变成本包括制造费用、封装费用以及测试费用。

IC 制造过程将许多完全相同的电路制造在同一个晶圆上，如图 1-4 所示。在制造完成后将晶圆切割成芯片，经测试后一个一个地封装。

芯片的成本取决于在一个晶圆上完好芯片的数量以及其中功能合格的芯片所占的百分比，后者称为芯片成品率（良率）。衬底材料和制造过程都会引起缺陷，使芯片失效。假设缺陷

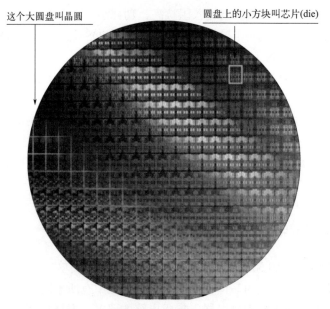

这个大圆盘叫晶圆　　　　　　圆盘上的小方块叫芯片(die)

图1-4　晶圆照片

在晶圆上的分布是随机的，并且芯片的成品率与制造工艺的复杂性成反比。每个晶圆上功能完好的芯片数目以及每个芯片的成本与芯片的面积有很大的关系。芯片面积较小的设计往往成品率较高，在超过一定大小后成品率迅速下降。

面积是由设计者直接控制的一个因素，而且它是衡量成本的基本指标，所以面积小是一个数字逻辑门希望具有的特性。门越小，集成密度就越高，芯片尺寸就越小。面积较小的门也往往较快并消耗较少的能量——因为门的总电容（它是主要的性能参数之一）常常随面积的减小而减小。一个门中晶体管的数目反映了预期的实现面积，但其他参数也会对面积有影响。例如在晶体管之间复杂的互连线格局可以使布线面积成为主要因素。门的复杂性表现为其晶体管的数目和互连结构的规则性，它也是影响设计成本的一个因素。复杂的结构较难实现，并且往往要耗费设计者更多宝贵的时间。简单化和规则化是成本要求严格的设计所具有的一个极为重要的特性。

■ （2）集成电路的功能

对一个数字电路的基本要求显然是它能完成设计所要求的功能。一个制造出来的电路所测得的行为特性通常都会与预期的响应有差别。这一偏离的一个原因是在制造过程中存在差异。每个生产批次之间甚至在同一晶圆或芯片上器件的尺寸和参数都会有所不同。这些差异会极大地影响一个电路的电特性。

① 门阈值电压。一个逻辑门的电路功能可以用它的电压传输特性（VTC，有时称为 DC 传输特性）得到最佳描述，它画出了输出电压与输入电压的关系。通常将传输特性曲线中输出电压随输入电压改变而急剧变化转折区的终点对应的输入电压称为门阈值电压或开关阈值电压 V_M（不要把它与晶体管的阈值电压混淆）。V_M 可以用图解的方法得到，它是 VTC 曲线与直线 $V_{out}=V_{in}$ 的交点。门阈值电压是开关特性的中点，它可以在门的输出端短接到输入端时得到。这一点在研究具有反馈的电路（也称为时序电路）时特别有意义。阈值电压图解法如图 1-5 所示。

② 噪声容限。即便是一个理想的额定电平值加在一个门的输入端，输出信号也常常会偏离预期的额定值。这些偏离可以由噪声或是门输出端的负载（即与输出信号相连的门的数目）引起。就数字电路而言，噪声这个词是指在逻辑节点上不希望发生的电压和电流的变化。噪声信号能以多种方式进入电路。例如，在一个集成电路中，两条并排放置的导线间形成了一个耦合电容和一个互感。因此在其中一条导线上电压或电流的变化会影响其相邻导线上的信号。一个门的电源线和地线上的噪声也会影响该门的信号电平。

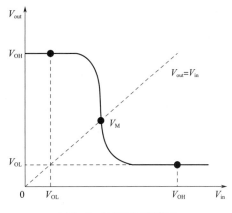

图1-5 阈值电压图解法

V_{OH}—额定高电压；V_{OL}—额定低电压

为了使一个门的稳定性较好并且对噪声干扰不敏感，应当使"0"和"1"的区间越大越好。一个门对噪声的灵敏度是由噪声容限 V_{NL}（低电平噪声容限）和 V_{NH}（高电平噪声容限）来度量的，它们分别量化了合法的"0"和"1"的范围，并确定了噪声的最大固定阈值。噪声容限计算公式如式（1-1）～式（1-3）所示。

$$V_{NH}=V_{OH(min)}-V_{IH(min)} \tag{1-1}$$

$$V_{NL}=V_{IL(max)}-V_{OL(max)} \tag{1-2}$$

$$噪声容限 =\min\{V_{NH},V_{NL}\} \tag{1-3}$$

式中　V_{NH}——高电平噪声容限；

　　$V_{OH(min)}$——最小输出高电平电压；

　　$V_{IH(min)}$——最小输入高电平电压；

　　V_{NL}——低电平噪声容限；

　　$V_{IL(max)}$——最大输入低电平电压；

　　$V_{OL(max)}$——最大输出低电平电压。

噪声容限表示门所能允许的噪声电平，显然为使一个数字电路能工作，这一容限应当大于零，并且越大越好。噪声容限越大，说明容许的噪声越大，电路的抗干扰性越好。

③ 再生性。仅仅大的噪声容限还不够。假设一个信号受到噪声的干扰并偏离了额定电平，只要该信号还在噪声容限之内，它后面的负载门还会继续正常工作，只是它的输出电压与额定值会有所不同。这一差别将与输出节点的噪声相加并传递到下一个门。各种噪声源的影响可以累积起来并最终使信号电平进入到不确定区域。但如果门具有再生性的话，这种情况就不会发生。再生性保证一个受干扰的信号在通过若干逻辑级后逐渐收敛回到额定电平中的一个。

■ （3）集成电路的性能

一个数字电路的性能主要指它的计算能力，经常用时钟周期的长短（时钟周期时间）或它的速率（时钟频率）来表示。一个门的传播延时 t_p 定义了它对输入端信号变化的响应有多快。它表示一个信号通过一个门时所经历的延时，定义为输入和输出波形的 50% 翻转点之间的时间，如图 1-6 所示。由于一个门对上升和下降输入波形的响应时间不同，所以需要定义两个传播延时。t_{pLH} 定义为这个门的输出由低至高（或正向）翻转的响应时间，而 t_{pHL} 则为输出由高至低（或负向）翻转的响应时间。传播延时 t_p 定义为这两个时间的平均值，如式（1-4）所示。

$$t_p = \frac{t_{pLH} + t_{pHL}}{2} \tag{1-4}$$

传播延时不仅与电路工艺和拓扑连接有关，还取决于其他因素。最重要的是延时与门的输入输出信号斜率有关。为了定量这些特性，我们引入了上升和下降时间 t_r 和 t_f，它们是用来衡量单个信号波形，而不是针对门的，并且它们表明了信号在不同电平间的翻转有多快。为了避免无法确定一个翻转实际开始和结束的时间，如图 1-6 所示，把上升和下降时间定义为在波形的 10% 点和 90% 点之间。一个信号的上升/下降时间很大程度上取决于驱动门的强度以及它所承受的负载。

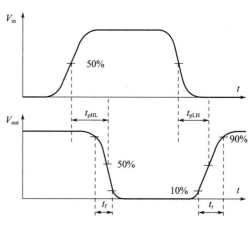

图1-6　传播延时、上升和下降时间的定义

■ （4）功耗

一直以来，在设计超大规模集成电路时，人们对芯片的性能、成本和可靠性往往更加关注，对于电路的功耗不够重视。在以往的集成电路设计过程中，集成度不高，功耗还不是主要问题。随着集成度的提高，尤其是互补金属氧化物半导体（CMOS）电路发展到深亚微米和纳米工艺之后，功耗急剧增加，导致出现一系列问题。随着 CMOS 工艺水平的提高，使得 MOS 器件的沟道长度相应变小，这就要求芯片设计时采用更低的电源电压。芯片集成度和工作时钟频率的提高，直接导致芯片功耗的增加。首先，对集成电路的功耗来源和组成进行分析。根据工作状态的不同，CMOS 电路的功耗可分成两大部分：动态功耗和静态功耗。

动态功耗只发生在门开关的瞬间。这是由于对电容充电以及在电源和地之间有一暂时的电流通路造成的，因此它正比于开关频率：发生开关的次数越多，动态功耗越大。反之，静态功耗即使在没有发生开关时也存在，并且是由在电源和地之间的静态导电通路或由于漏电流引起的。它总是存在，甚至当电路在等待状态时也存在。使这一功耗来源最小是一个十分重要的目标。

一个门的传播延时和功耗有关。传播延时主要是由一给定数量的能量能存放在栅电容上的速度来决定的。能量的传送越快（或者说功耗越大）则门越快。对于给定的工艺和门的拓扑结构，功耗和延时的乘积一般为一常数。这一乘积称为功耗延时积，它可以作为一个开关器件质量的度量。

1.2 设计EDA工具

集成电路产品批量生产流程发展演变，从最初的全手工设计发展到现在先进的可以全自动实现的过程，这也是工艺技术进步和片上规模迅速增长的必然结果。当片上集成规模达到一定阶段，设计不可能仅通过手工完成，需要各类设计自动化工具软件包的支持。从设计工具软件演变的过程划分，经历了手工设计、计算机辅助设计（ICCAD）、电子设计自动化（EDA）、电子系统设计自动化（ESDA）以及用户现场可编程器阶段。

目前主要的 EDA 工具供应商有：Synopsys，在逻辑综合、仿真器、DFT（可测性设计）、版图方面有优势；Cadence，在版图设计工具、仿真器等方面有特色；Mentor，在 DFT、物理验证方面有竞争力；还有我国的华大九天；等等。

选择设计工具的原则是：

① 用"sign-off"（验证核签）的工具保证可靠性、兼容性；

② 必须针对芯片的特点，不同的芯片需要不同的设计工具；

③ 了解设计工具的能力、速度、规模等。

1.2.1　Synopsys

Synopsys 公司是为全球集成电路设计提供 EDA 软件工具的主导企业，为全球电子市场提供技术先进的 IC 设计与验证平台，致力于复杂的片上系统（SoC）的开发。同时，Synopsys 公司还提供知识产权（IP）和设计服务。2002 年并购 Avanti! 公司后，Synopsys 公司成为提供前后端完整 IC 设计方案的领先 EDA 工具供应商。这也是 EDA 历史上第一次由一家 EDA 公司集成了业界最好的前端和后端设计工具，主要软件工具如下。

■ （1）Astro

Astro 是 Synopsys 为超深亚微米 IC 设计进行设计优化、布局、布线的设计环境。Astro 可以满足 5 千万门、GHz 时钟频率、在 0.10μm 及以下工艺线生产的 SoC 设计的工程和技术需求。Astro 高性能的优化和布局布线能力主要归功于 Synopsys 在其中集成的两项新技术：PhySiSys 和 Milkyway DUO 结构。

■ （2）DFT Compiler

DFT Compiler 提供独创的"一遍测试综合"技术和方案。它是和 Design Compiler、Physical Compiler 系列产品集成在一起的，包含功能强大的扫描式可测性设计分析、综合和验证技术。DFT Compiler 可以使设计者在设计流程的前期，很快而且方便地实现高质量的测试分析，确保时序要求和测试覆盖率要求同时得到满足。DFT Compiler 同时支持寄存器传输级（RTL）、门级的扫描测试设计规则的检查，以及给予约束的扫描链插入和优化，同时进行失效覆盖的分析。

■ （3）TetraMAX

TetraMAX 是业界功能最强、最易于使用的自动测试向量生成工具。针对不同的设计，TetraMAX 可以在最短的时间内，生成具有最高故障覆盖率的最小的测试向量集。TetraMAX 支持全扫描或不完全扫描设计，同时提供故障仿真和分析能力。

■ （4）Vera

Vera 验证系统满足了验证的需要，允许高效、智能、高层次的功能验证。Vera 验证系统已被 Sun、NEC、Cisco 等公司广泛使用以验证其实际的产品，从单片 ASIC（专用集成电路）

到多片 ASIC 组成的计算机和网络系统，从定制、半定制电路到高复杂度的微处理器。Vera 验证系统的基本思想是产生灵活的并能自我检查的测试向量，然后将其结合到 test-bench（测试平台）中以尽可能充分测试所设计的电路。Vera 验证系统适用于功能验证的各个层次，它具有以下特点：与设计环境的紧密集成，启发式及全随机测试，数据及协议建模，功能代码覆盖率分析。

■ （5）VCS

VCS 是编译型 Verilog 模拟器，它完全支持 OVI（Open Verilog International）标准的 Verilog HDL（硬件描述语言）、PLI（编程语言接口）和 SDF（标准延时格式文件）。VCS 具有行业中最高的模拟性能，其出色的内存管理能力足以支持千万门级的 ASIC 设计，而其模拟精度也完全满足深亚微米 ASIC sign-off 的要求。VCS 结合了节拍式算法和事件驱动算法，具有高性能、大规模和高精度的特点，适用于从行为级、RTL 到 sign-off 等各个阶段。VCS 已经将 CoverMeter 中所有的覆盖率测试功能集成，并提供 VeraLite、CycleC 等智能验证方法。VCS 和 Scirocco 也支持混合语言仿真。VCS 和 Scirocco 都集成了 Virsim 图形用户界面，它提供了对模拟结果的交互和后处理分析。

■ （6）Power Compiler

Power Compiler 提供简便的功耗优化能力，能够自动将设计的功耗最小化，提供综合前的功耗预估能力，让设计者可以更好地规划功耗分布，在短时间内完成低功耗设计。Power Compiler 嵌入 Design Compiler/Physical Compiler 之上，是业界少有的可以同时优化时序、功耗和面积的综合工具。

1.2.2　Cadence

Cadence 是一家专门从事 EDA 的软件公司，由 SDA Systems 和 ECAD 两家公司于 1988 年合并而成，是全球最大的电子设计自动化、半导体技术解决方案和设计服务供应商之一。Cadence 的软件、硬件、IP 和服务，覆盖从半导体芯片到电路板设计乃至整个系统。

Cadence 软件可以完成电子设计的几乎所有内容，包括 ASIC 设计、FPGA（现场可编程门阵列）设计和 PCB（印制电路板）设计，在原理图设计、电路仿真、自动布局布线、版图设计和验证等方面具有独特的优势。

■ （1）定制电路设计工具

Cadence 以它全定制集成电路设计能力著称，包括 Virtuoso Schematic Composer、Affirma Analog Design Environment、Virtuoso Layout Editor、Affirma Spectra、Virtuoso Layout Synthesizer、Assura Verification Environment、Dracula 等工具。

■ （2）逻辑设计和验证工具

使用 VHDL 或者 Verilog HDL 来描述设计，创建 HDL 代码。然后应用 Verilog-XL、NC-Verilog、Leapfrog VHDL 和 NC-VHDL 工具进行行为仿真，评估设计，验证模块功能，调试工程。使用 verisure 调试 Verilog 或者 VHDL Cover 调试 VHDL，分析仿真结果。应用 Ambit

Build Gates 进行综合，使用 SDF 文件进行门级仿真。使用 verifault 进行故障仿真。这个流程适合于小规模的设计。

■ （3）时序驱动深亚微米（DSM）设计工具

这部分的软件是面向更底层的设计，这一层次需要迭代过程。在之前的设计流程中，不考虑连线延迟，或者说它对设计的影响较小。现如今，许多软件在预布局阶段就考虑连线模型。这是因为连线延迟对整体设计的影响最重，因此预布局阶段甚至在综合阶段需要考虑连线延迟的影响。在 Cadence 中有两种实现时序驱动设计的软件：SE 和 design planner。

1.2.3 华大九天

北京华大九天科技股份有限公司（简称"华大九天"）成立于 2009 年，一直聚焦于 EDA 工具的开发、销售及相关服务业务。

华大九天主要产品包括模拟电路设计全流程 EDA 工具系统、数字电路设计 EDA 工具、平板显示电路设计全流程 EDA 工具系统和晶圆制造 EDA 工具等 EDA 软件产品，并围绕相关领域提供包含晶圆制造工程服务在内的各类技术开发服务。

■ （1）模拟电路设计全流程EDA工具系统

华大九天模拟电路设计全流程 EDA 工具系统包括原理图编辑工具、版图编辑工具、电路仿真工具、物理验证工具、寄生参数提取工具和可靠性分析工具等，为用户提供了从电路到版图、从设计到验证的一站式完整解决方案。

① 原理图和版图编辑工具 Empyrean Aether 搭建了一个高效便捷的模拟电路设计平台，它支持原理图编辑、版图编辑以及仿真集成环境，同时和电路仿真工具（Empyrean ALPS）、物理验证工具（Empyrean Argus）、寄生参数提取工具（Empyrean RCExplorer）以及可靠性分析工具（Empyrean Polas）无缝集成，为用户提供了完整、平滑、高效的一站式设计流程。

② 电路仿真工具 Empyrean ALPS 基于高性能并行仿真算法，是大规模电路版图后仿真的理想选择。

③ 异构仿真系统 Empyrean ALPS-GT 基于 CPU-GPU（中央处理器 - 图形处理器）异构系统，进一步提升了版图后仿真效率，可帮助用户大幅缩减产品开发周期。

④ 物理验证工具 Empyrean Argus 支持主流设计规则，并通过特有的功能，帮助用户在定制化规则验证，错误定位与分析阶段提高验证质量和效率。

⑤ 寄生参数提取工具 Empyrean RCExplorer 支持对模拟电路设计进行晶体管级和单元级的后仿真网表提取，同时提供了点到点寄生参数计算和时延分析功能，帮助用户全面分析寄生效应对设计的影响。

⑥ 可靠性分析工具 Empyrean Polas 提供了专注于功率 IC 设计的多种产品性能分析模块，高效支持了功率器件可靠性分析等应用。

■ （2）数字电路设计EDA工具

华大九天数字电路设计 EDA 工具提供了一系列特色解决方案，包括单元库特征化提取工具、单元库/IP质量验证工具、时钟质量检视与分析工具、高精度时序仿真分析工具、时序功耗优化工具以及版图集成与分析工具等。

① 单元库特征化提取工具 Empyrean Liberal 提供了一套自动提取标准单元库时序和功耗特征化模型的解决方案，用于数字电路设计的时序和功耗分析。

② 单元库/IP质量验证工具 Empyrean Qualib，提供了全面的单元库/IP质量分析验证方案，为高质量地完成设计并达成设计指标提供了重要保障。

③ 时钟质量检视与分析工具 Empyrean ClockExplorer 提供了一站式时钟分析和质量检查解决方案，可以减少时钟树综合前后端的迭代，提升时钟设计的效率。

④ 高精度时序仿真分析工具 ICExplorer-XTime 提供了面向先进工艺和低电压设计的高精度时序仿真分析方案，有效地解决了先进工艺和低电压设计静态时序分析方法无法准确评估时序和设计可靠性的难题。

⑤ 时序功耗优化工具 ICExplorer-XTop 针对先进工艺、大规模设计和多工作场景的时序收敛难题，提供了一站式时序功耗优化解决方案，包括建立时间、保持时间、瞬变时间和漏电功耗优化等。

⑥ 版图集成与分析工具 Empyrean Skipper 提供了高效的一站式版图集成与分析解决方案，包括海量版图快速读取与查看、快速版图集成功能、批量版图数据处理功能、并行线网追踪功能、点到点电阻分析功能等，为高效地分析和处理超大规模版图数据提供了有力支撑。

■ （3）平板显示电路设计全流程EDA工具系统

华大九天先进的平板显示电路设计全流程 EDA 工具系统包含器件模型提取工具、原理图编辑工具、版图编辑工具、电路仿真工具、物理验证工具、寄生参数提取工具和可靠性分析工具等。

① 器件模型提取工具 Empyrean EsimFPD Model 提供专注于平板显示电路设计的高效模型提取解决方案，支持 a-Si（非晶硅）、LTPS（低温多晶硅）、IGZO（铟镓锌氧化物）等不同工艺类型的显示器件模型提取。

② 原理图和版图编辑工具 Empyrean AetherFPD 适用于平板显示电路设计的相关环节，特别提供了面向异形平板显示电路设计的高效专用解决方案。

③ 电路仿真工具 Empyrean ALPSFPD 适用于平板显示电路的高精度快速电路仿真。

④ 物理验证工具 Empyrean ArgusFPD 是根据平板显示电路设计特点开发的层次化并行物理验证工具。

⑤ 寄生参数提取工具 Empyrean RCExplorerFPD 为用户提供了高精度平板显示电阻电容提取方案，例如像素级电阻电容提取、触控面板电阻电容提取和液晶电容提取等诸多功能。

⑥ 可靠性分析工具 Empyrean ArtemisFPD 是平板显示电路设计专用的可靠性分析解决方案。

■ （4）晶圆制造EDA工具

随着晶圆制造企业的技术改进升级，制造复杂度越来越高，EDA 工具对于制造良率提升、工艺平台建设越来越重要。华大九天针对晶圆制造厂的工艺开发和 IP 设计需求，提供了相应的晶圆制造 EDA 工具，包括器件模型提取工具 Empyrean XModel、存储器编译器开发工具 Empyrean SMCB、单元库特征化提取工具 Empyrean Liberal、单元库 /IP 质量验证工具 Empyrean Qualib、版图集成与分析工具 Empyrean Skipper 以及模拟电路设计全流程 EDA 工具系统，为晶圆制造厂提供了重要的技术支撑。

习题

一、判断题

1. 为了使一个门的稳定性较好并且对噪声干扰不敏感，应当使它的噪声容限越大越好。　　（　　）

2. 集成电路的性能经常用时钟周期的长短或时钟频率来表示。　　（　　）

二、名词解释

1. 集成电路的成本

2. 噪声容限

3. 阈值电压

三、简答题

1. 简述什么是集成电路。

2. 简述集成电路的发展阶段。

3. 集成电路的分类有哪些？

4. 简述再生性的意义。

5. 衡量集成电路设计质量都有哪些标准？

6. 影响集成电路成本的因素有哪些？

7. 简述 EDA 技术的发展阶段。

第**2**章

集成电路制造工艺

▶▶ 思维导图

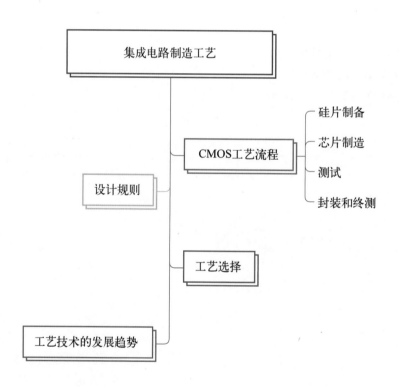

　　集成电路制造是集成电路行业中关键的一部分，是一项非常复杂的技术。1958年，第一块集成电路诞生，衬底材料为锗。1959年，诞生了第一个在平面硅材料上将不同晶体管用金属铝连接的集成电路。随后，半导体产业迅速发展，目前集成电路硅衬底器件占85%以上，因此本节介绍的制造工艺为基于硅衬底的集成电路制造工艺。

2.1 CMOS工艺流程

集成电路的制造过程包括 5 个大的制造阶段：硅片制备、芯片制造、测试、封装、终测。

2.1.1 硅片制备

集成电路制造的基本材料是轻掺杂的硅晶圆，直径为 4 ～ 12 英寸（100 ～ 300 毫米），厚度最大为 1 毫米，由单晶硅锭切割而成。为了生产需要，通过使用直拉法及被称作拉单晶炉的设备来将多晶硅转变成硅片制造所需的单晶硅锭。在直拉法中，将掺杂材料加入液态硅中以达到合适的掺杂水平。为了生产纯硅，要严格控制有害杂质。

硅锭直径一直在增长，以便在一个硅片上能得到更多的器件并且通过规模生产降低成本。在生长中主要需要控制的晶体缺陷是点缺陷、位错和层错。硅锭要经过许多工艺步骤才能制成合乎要求的硅片，包括径向研磨、刻印定位槽、切片、磨片、倒角、刻蚀、抛光、清洗、检测和包装。硅片制备过程如图 2-1 所示。

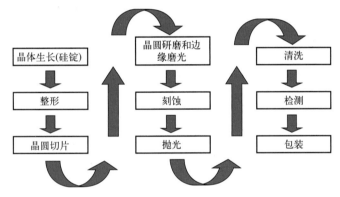

图2-1　硅片制备过程

■（1）晶体生长

单晶硅的生产工艺常见的有两种方法：直拉法和区熔法。

直拉法又称 CZ 法，其过程相对较为简单。单晶硅的生长是把硅熔融在石英坩埚中，利用旋转籽晶将单晶硅逐渐提拉制备出来。这种方法生产成本相对较低，且能够大量生产，因此在单晶硅片的生产中广泛应用。该工艺目前使用的技术工艺核心为热场构造及控制氧浓度等。

区熔法又称 FZ 法，始于 1953 年。区熔法生产单晶硅不使用坩埚，而是将硅棒局部利用线圈进行熔化，在熔区处设置磁托，因而熔区可以始终处在悬浮状态，将熔融硅利用旋转籽晶进行拉制，在熔区下方制备单晶硅。该种方法的优势在于，熔区为悬浮态，因而在生长过程中单晶硅不会同任何物质接触，并且蒸发效应及杂质分凝效应较为显著，因此具有较高的纯度，其单晶硅制品性能相对较好。但由于工艺复杂，对设备及技术要求较为严格，因此生产成本相对较高。

■ （2）整形

硅晶棒完成后需再进行裁切与检测。对单晶棒切取试样，以检测其电阻率、氧/碳含量和晶体缺陷等技术参数。切片首先使用工业级钻石模具进行加工，将晶棒磨成平滑圆柱体，并切除头尾两端锥状部分，形成标准圆柱。

■ （3）晶圆切片

硅片加工的介绍中，从单晶硅棒开始的第一个步骤就是切片。这一步骤的关键是如何在将单晶硅棒加工成硅片时尽可能地降低损耗，也就是要求将单晶棒尽可能多地加工成有用的硅片。为了尽量得到最好的硅片，硅片要求有最小量的翘曲和最少量的刀缝损耗。切片过程定义的平整度可以基本上适合器件的制备。

切片过程中有两种主要方式：内圆切割和线切割。这两种形式的切割方式被应用的原因是它们能将材料损失减少到最小，对硅片的损伤也最小，并且允许硅片的翘曲也是最小的。切片是一个相对较脏的过程，可以描述为一个研磨过程，这一过程会产生大量的颗粒和大量很浅的表面损伤。

■ （4）研磨和边缘磨光

当切片完成后，硅片有比较尖利的边缘，就需要进行倒角，从而形成子弹式的光滑边缘。倒角后的硅片边缘有低的中心应力，因而使之更牢固。这个硅片边缘的强化，能使之在以后的硅片加工过程中降低硅片的碎裂程度。

接下来的步骤是为了清除切片过程及激光标识时产生的不同损伤，这是磨片过程中要完成的。在磨片时，硅片被放置在载体上，并围绕放置在一些磨盘上。硅片的两侧都能与磨盘接触，从而使硅片的两侧能同时研磨到。磨盘是铸铁制成的，边缘呈锯齿状。上磨盘上有一系列的洞，可让研磨砂分布在硅片上，并随磨片机械运动。磨片可将切片造成的严重损伤清除，只留下一些均匀的浅显的磨痕。磨片的第二个好处是经磨片之后，硅片非常平整，因为磨盘是极其平整的。

磨片过程主要是一个机械过程，磨盘压迫硅片表面的研磨砂。研磨砂是由将氧化铝溶液延缓煅烧后形成的细小颗粒组成的，它能将硅的外层研磨掉。被研磨掉的外层深度要比切片造成的损伤深度更深。

■ （5）刻蚀

磨片之后，硅片表面还有一定量的均匀损伤，要将这些损伤去除，但尽可能少地引起附加的损伤。比较有特色的就是用化学方法。有两种基本腐蚀方法：碱腐蚀和酸腐蚀。这两种方法都被应用于溶解硅片表面的损伤部分。

■ （6）抛光

硅片边缘抛光的目的是去除在硅片边缘残留的腐蚀坑。当硅片边缘变得光滑，其应力也会变得均匀。应力的均匀分布使硅片更坚固。抛光后的边缘能将吸附的颗粒灰尘降到最少。硅片边缘的抛光方法类似于硅片表面的抛光。硅片由一个真空吸头吸住，以一定角度在一旋转桶内旋转，且不妨碍桶的垂直旋转。该桶中有一抛光衬垫并有砂浆流过，用化学机械抛光法将硅片边缘的腐蚀坑清除。另一种方法是只对硅片边缘进行酸腐蚀。

■ （7）清洗

在硅片抛光之后，需要清洗，将有机物及金属沾污清除。如果有金属残留在硅片表面，当进入后续工艺后，温度升高时，会进入硅体内。这里的清洗过程是将硅片浸没在能清除有机物和氧化物的清洗液（$H_2SO_4+H_2O_2$）中，许多金属会以氧化物形式溶解入化学清洗液中；然后，用氢氟酸（HF）将硅片表面的氧化层溶解以清除污物。

■ （8）检测

经过抛光、清洗之后，就可以进行检测了。在检测过程中，电阻率、翘曲度、总厚度超差和平整度等都要测试。所有这些测量参数都要用无接触方法测试，因而抛光面才不会受到损伤。在这点上，硅片必须最终满足客户的尺寸性能要求，否则就会被淘汰。

■ （9）包装

硅片供应商必须仔细地包装要提供给芯片制造厂的硅片，将硅片叠放在有窄槽的塑料片架或"船"里以支撑硅片，所有的设备和操作工具都必须接地以放电。一旦放满了硅片，片架就会放在充满氮气的密封盒里，以免在运输过程中氧化或引入其他沾污。当硅片到达芯片制造厂时，它们被转移到其他标准化片架里，以便在后续加工过程中传送和处理。

2.1.2 芯片制造

集成电路是在硅片制造厂中制造完成的。通常硅片制造可以分成 6 个独立的生产区：扩散（包括氧化、淀积和掺杂）、光刻、刻蚀、薄膜、离子注入和抛光。这 6 个区和相关步骤以及测量工具都在超净间中。

■ （1）扩散

扩散区一般认为是进行高温工艺以及淀积的区域。扩散区的主要设备是高温扩散炉和湿法清洗设备。高温扩散炉可以在近 1200℃的高温下工作，并能完成多种工艺流程，包括氧化、扩散、淀积、退火以及合金。湿法清洗设备是扩散区的辅助工具。硅片在放入高温炉之前必须进行彻底地清洗，以去除硅片表面的沾污及自然氧化层。

■ （2）光刻

光刻区域使用黄色荧光管照明。光刻的目的是将电路图形转移到覆盖于硅片表面的光刻胶上。光刻胶是一种光敏的化学物质，它通过深紫外线曝光来印制掩模的图像。光刻胶只对特定波长的光线敏感，例如深紫外线和白光，而对黄光不敏感。

■ （3）刻蚀

刻蚀工艺是在硅片上没有光刻胶保护的地方留下永久的图形。刻蚀区最常见的工具是等离子体刻蚀机、等离子体去胶机和湿法清洗设备。目前，虽然仍采用一些湿法刻蚀工艺，但大多数步骤采用的是干法等离子体刻蚀。

■ （4）薄膜

薄膜区主要负责各个步骤中的介质层与金属层的淀积。薄膜生长中所采用的温度低于扩散区中设备的工作温度。薄膜生长区中有很多不同的设备。所有薄膜淀积设备都在中低真空环境下工作。

■ （5）离子注入

离子注入机是亚微米工艺中最常见的掺杂工具。气体带着要掺的杂质在注入机中离子化。采用高电压和磁场来控制并加速离子。高能杂质离子穿透了涂胶硅片的表面。离子注入完成后，要进行去胶和彻底清洗硅片。

■ （6）抛光

抛光也称化学机械平坦化（CMP），目的是使硅片表面平坦化，这是通过将硅片表面突出的部分减薄到下凹部分的高度实现的。硅片表面凹凸不平给后续加工带来了困难，而化学机械平坦化使这种硅片表面的不平整度降到最小。抛光机是化学机械平坦化的主要设备，所以这一工艺也可以叫抛光。化学机械平坦化用化学腐蚀与机械研磨相结合，以除去硅片顶部多余的厚度。

CMOS 是集成电路的最基本单元，它的制作流程可分为隔离区的形成、阱的植入、栅极的形成、低掺杂漏极（LDD）的植入、源漏的形成、第一层金属的形成、第二层金属的形成、保护层等，具体分为以下步骤。

■ （1）热氧化

先生长一层薄薄的二氧化硅，目的是降低后续制造过程中的应力。因为下一步要在晶圆表面形成一层厚的氮化硅，而氮化硅具有很强的应力，会影响晶圆表面的结构，因此在这一层氮化硅和硅晶圆之间，加入一层二氧化硅，以减缓氮化硅的应力。热氧化示意图如图 2-2 所示。

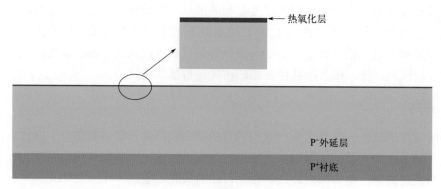

图2-2　热氧化示意图

■ （2）淀积氮化硅

淀积氮化硅目的是用来隔绝氧气与硅的接触，以定义出隔离的区域，没有被氮化硅覆盖的区域将被氧化而形成隔离区。淀积氮化硅示意图如图 2-3 所示。

图2-3 淀积氮化硅示意图

■ （3）刻蚀氮化硅

将需要氧化区域的氮化硅用等离子体刻蚀的方法去除。刻蚀氮化硅示意图如图2-4所示。

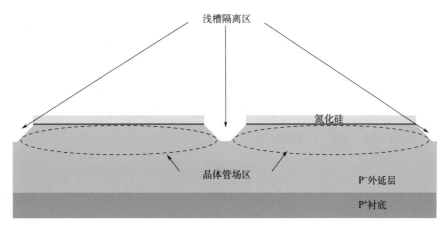

图2-4 刻蚀氮化硅示意图

■ （4）浅槽隔离

利用氧化技术，在隔离区生长一层厚厚的二氧化硅，形成器件的隔离区。浅槽隔离示意图如图2-5所示。

图2-5 浅槽隔离示意图

■ （5）去除氮化硅

利用等离子体刻蚀技术去除氮化硅。去除氮化硅示意图如图2-6所示。

■ （6）N阱的形成

在芯片上涂光刻胶，利用光刻技术将N阱的图形定义出来，利用离子注入技术，将磷注入晶圆中，形成N阱。N阱示意图如图2-7所示。

图2-6　去除氮化硅示意图

图2-7　N阱示意图

■（7）P阱的形成

在芯片上涂光刻胶，利用光刻技术将 P 阱的图形定义出来，利用离子注入技术，将硼注入到晶圆中，形成 P 阱。P 阱示意图如图 2-8 所示。

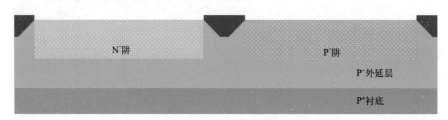

图2-8　P阱示意图

■（8）栅氧化层形成

利用热氧化技术形成二氧化硅薄层，作为栅极的氧化层，此步骤是制作 CMOS 的关键步骤。栅氧化层示意图如图 2-9 所示。

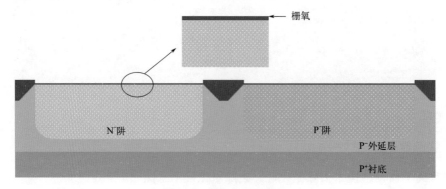

图2-9　栅氧化层示意图

■（9）多晶硅淀积

淀积多晶硅在晶圆表面，在栅极区域形成电学接触。多晶硅淀积示意图如图 2-10 所示。

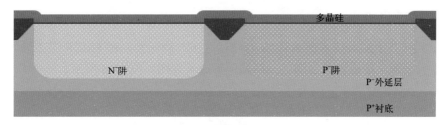

图2-10　多晶硅淀积示意图

■ （10）栅极形成

利用光刻及刻蚀技术形成栅极。栅极形成示意图如图 2-11 所示。

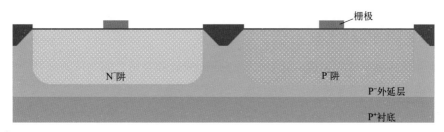

图2-11　栅极形成示意图

■ （11）LDD形成

在亚微米 MOS 中要用低掺杂漏极（LDD）来抑制热载流子效应，因为热载流子效应会导致元件劣化且影响芯片的可靠度。LDD 为高浓度的源漏区提供了一个扩散缓冲层，抑制了热载流子效应。LDD 形成示意图如图 2-12 所示。

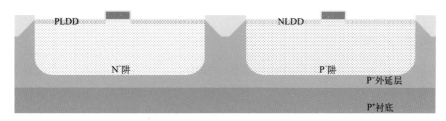

图2-12　LDD形成示意图

■ （12）氮化硅侧墙的形成

用化学气相淀积方法淀积一层氮化硅，并刻蚀形成侧墙，精准定位晶体管源区和漏区的离子注入。氮化硅侧墙形成示意图如图 2-13 所示。

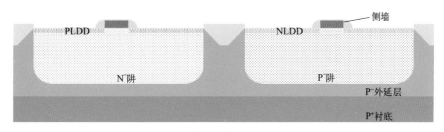

图2-13　氮化硅侧墙形成示意图

■（13）源漏区形成

利用光刻和离子注入技术在 NMOS 的源漏区注入砷元素，在 PMOS 的源漏区注入硼元素，并做退火处理，形成管子源漏区。源漏区形成示意图如图 2-14 所示。

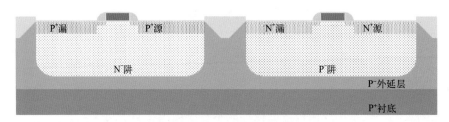

图2-14　源漏区形成示意图

■（14）钛金属欧姆接触形成

淀积钛并在高温下反应生成硅化钛，刻蚀后形成硅和金属之间的欧姆接触。钛金属欧姆接触形成示意图如图 2-15 所示。

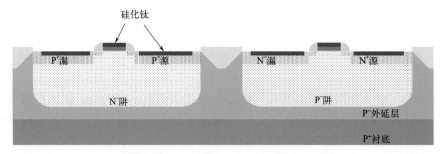

图2-15　钛金属欧姆接触形成示意图

■（15）接触孔的形成

利用化学气相淀积在表面淀积硼磷硅玻璃（BPSG），作为器件和第一层金属的隔离。刻蚀接触孔，提供金属和器件之间的连接。利用溅射工艺淀积氮化钛，有助于后续的钨层附着在氧化层上。利用化学气相淀积进行钨的接触孔填充，去除表面的钨和氮化钛，留下钨塞填充接触孔。接触孔形成示意图如图 2-16 所示。

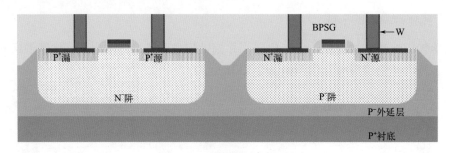

图2-16　接触孔形成示意图

■（16）第一层金属的形成

表面淀积金属；刻蚀金属，将不要的部分去除。第一层金属形成示意图如图 2-17 所示。

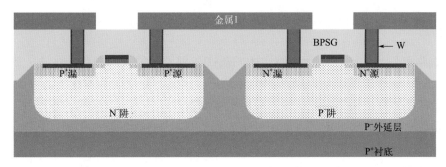

图2-17　第一层金属形成示意图

■ （17）钝化层形成

表面淀积钝化层，保护电路免受刮擦、污染和受潮等。压焊点打开，提供外界对芯片的电接触。钝化层形成示意图如图 2-18 所示。

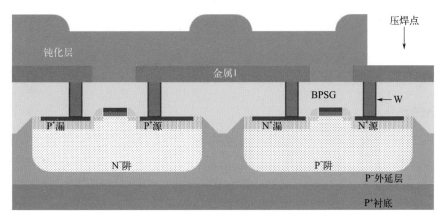

图2-18　钝化层形成示意图

2.1.3　测试

芯片制造完成后，在测试区进行单个芯片的探测和电学检测。对有缺陷的芯片进行标记，测试合格的芯片被拣选出来继续后面的工序，不合格的芯片被淘汰掉。所以集成电路测试是对集成电路或模块进行检测，通过测量集成电路的输出回应，和预期输出比较，以确定或评估集成电路元器件功能和性能的过程，是验证设计、监控生产、保证质量、分析失效以及指导应用的重要手段。

测试是 IC 产业链中重要且不可或缺的一环，它贯穿从产品设计开始到完成加工的全过程。目前所指的测试通常是指芯片流片后的测试，定义为对被测电路施加已知的测试向量，观察其输出结果，并与已知正确输出结果进行比较而判断芯片功能、性能、结构好坏的过程。图 2-19 说明了测试原理，就其概念

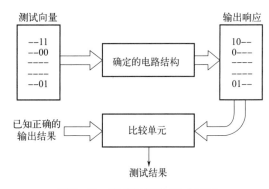

图2-19　集成电路测试基本原理

而言，测试包含了三方面的内容：已知的测试向量、确定的电路结构和已知正确的输出结果。

被测电路可作为一个已知功能的实体，测试依据原始输入和网络功能集，确定原始输出，并分析输出是否表达了电路网络的实际输出。因此，测试的基本任务是生成测试输入，而测试系统的基本任务则是将测试输入应用于被测器件，并分析其输出的正确性。测试过程中，测试系统首先生成输入定时波形信号施加到被测器件的原始输入引脚，其次是从被测器件的原始输出引脚采样输出回应，最后经过分析处理得到测试结果。

集成电路的测试主要包括 3 个部分。

■ （1）测试设备

测试仪通常被称为自动测试设备（ATE），是用来向被测试器件施加输入，并观察输出。测试要考虑被测电路的技术指标和规范，包括：器件最高时钟频率、定时精度要求、输入 / 输出引脚的数目等。要考虑的因素包括费用、可靠性、服务能力、软件编程难易度等。

■ （2）测试界面

测试界面主要根据被测电路的封装形式、最高时钟频率、ATE 的资源配置和界面板卡形式等，合理地选择测试插座和设计制作测试负载板。

■ （3）测试程序

测试程序软件包含着控制测试设备的指令序列，要考虑器件的类型、物理特征、工艺、功能参数、环境特性、可靠性等。

集成电路测试包括以下两种不同的分类方式。

■ （1）按测试目的分类

根据测试的目的不同，可以把集成电路测试分为 4 种类型。

① 验证测试（verification testing，也称作 design validation）。当一款新的芯片第一次被设计并生产出来，首先要接受验证测试。在这一阶段，将会进行功能测试，以及全面的 AC、DC 参数的测试。通过验证测试，可以诊断和修改设计错误，为最终规范（产品手册）测量出芯片的各种电气参数，并开发出测试流程。

② 生产测试（manufacturing testing）。当芯片的设计方案通过了验证测试，进入量产阶段之后，将利用前一阶段调试好的流程进行生产测试。在这一阶段，测试的目的就是明确做出被测芯片是否通过测试的判决。由于每一颗芯片都要进行生产测试，所以测试成本是这一阶段的首要问题。从这一角度出发，生产测试通常所采用的测试向量集不会包含过多的功能向量，但是必须有足够高的模型化故障的覆盖率。

③ 可靠性测试（reliability testing）。通过生产测试的每一颗芯片并不完全相同，最典型的例子就是同一型号产品的使用寿命不尽相同。可靠性测试就是要保证产品的可靠性，通过调高供电电压、延长测试时间、提高温度等方式，将不合格的产品（如会很快失效的产品）淘汰出来。

④ 接受测试（acceptance testing）。当芯片送到客户手中，客户将进行再一次测试。例如，系统集成商在组装系统之前，会对买回的各个部件进行此项测试。

■ （2）按测试方式的分类

根据测试方式的不同，测试向量也可以分为 3 类。

① 穷举测试向量（exhaustive vector）。穷举测试向量是指所有可能的输入向量。该测试向量的特点是覆盖率高，可以达到 100%，但是其数目惊人，对于具有 n 个输入端口的芯片来说，需要 2^n 个测试向量来覆盖其所有的可能出现的状态。例如，如果要测试 74181 ALU（算术逻辑部件），其有 14 个输入端口，就需要 $2^{14}=16384$ 个测试向量，对于一个有 38 个输入端口的 16 位的 ALU 来说，以 10MHz 的速度运行完所有的测试向量需要 7.64 小时，显然，这样的测试对于量产的芯片是不可取的。

② 功能测试向量（functional vector）。功能测试向量主要应用于验证测试中，目的是验证各个器件的功能是否正确。其需要的向量数目大大低于穷举测试，以 74181 ALU 为例，只需要 448 个测试向量，但是目前没有算法去计算向量是否覆盖了芯片的所有功能。

③ 结构测试向量（structural vector）。这是一种基于故障模型的测试向量，它的最大好处是可以利用 EDA 工具自动对电路产生测试向量，并且能够有效评估测试效果。74181 ALU 只需要 47 个测试向量。这类测试向量的缺点是有时候工具无法检测所有的故障类型。

对于集成电路设计来说，测试是一个非常重要的环节，虽然大部分的设计问题已经在电路设计中被解决，测试依然是设计者的重要工作内容。集成电路的成品率定义为每个晶圆中合格芯片的占比。由于制造工艺的复杂性，使得并非晶圆上每个芯片都能正常工作，起始材料、制造过程或光刻过程上的小缺陷都可能造成芯片损坏而失效。测试的目的在于决定哪些芯片是好的，并能应用于系统中。概括地讲，集成电路测试是指导产品设计、生产和使用的重要依据，是提高产品质量和可靠性、进行全面质量管理的有效措施。

2.1.4　封装和终测

集成电路芯片不是孤立的，它必须通过输入输出与系统中的其他集成电路芯片或组件相连接，而且芯片及其内部的电路是非常脆弱的，需要有一个封装加以支撑和保护。集成电路芯片封装狭义上是指利用掩模技术及微细加工技术，将芯片及其他要素在基板上布置、粘贴、固定和连接，引出接线端子并通过可塑性绝缘介质灌封固定，构成整体立体结构的工艺。广义上，封装是指封装工程，即将封装体与基板连接固定，装配成完整的系统和电子设备，从而实现整个系统的综合功能。

封装工序一般和芯片制造在不同的生产厂内进行。封装的目的是将晶圆上的集成电路芯片分开，然后封装在集成电路管壳中。该工序首先将晶圆背面减薄，然后切割。将测试合格的芯片背面涂胶粘在管座上。将芯片的输入输出压焊块用金属丝与管座上的引脚连接起来，完成芯片与外部的连接。封装的目的在于保护芯片不受或少受外界环境的影响，并为之提供一个良好的工作条件，使集成电路具有稳定、正常的功能。封装是集成电路芯片必不可少的保护措施。

集成电路的终测主要是对经过封装的集成电路进行测试，选出合格产品。这些测试包括一般的目检、老化试验和最终的产品测试。老化试验是对封装好的集成电路进行可靠性测试，目的是检出早期失效的器件。在该时期，失效的器件一般是在硅制造工艺中引入了缺陷。

2.2 设计规则

电路设计时一般都希望版图设计得尽量紧凑，而从工艺方面考虑则希望是一个高成品率的工艺。设计规则是使两者都满意的折中，在芯片尺寸尽可能小的前提下，使得即使存在工艺偏差，也可以正确地制造出集成电路，尽可能地提高电路制备的成品率。设计规则是良好的规范文献，它列出了元件（导体、有源区、电阻器等）的最小宽度，相邻部件之间所允许的最小间距，必要的重叠和与给定的工艺相配合的其他尺寸。对于一种工艺，当确定其设计规则时，要考虑的因素有掩模的对准、掩模的非线性、硅片的弯曲度、外扩散（横向扩散）、氧化生长剖面、横向钻蚀、光学分辨率以及它们与电路的性能和产量的关系。设计规则规定了在掩模上每个几何图形如何与彼此有关的另一块掩模上的图形水平对准。除了明确指出的不同点以外，所有的规则是指相应几何图形之间的最小间隔。

集成电路的版图设计规则一般都包含以下四种。

■ （1）最小宽度

版图设计时，几何图形的宽度和长度必须大于或等于设计规则中最小宽度的数值，例如，若金属连线的宽度太窄，由于制造偏差的影响，可能导致金属断线，或者在局部过窄处形成大的电阻。

■ （2）最小间距

在同一层掩模上，图形之间的间隔必须大于或等于最小间距。例如，如果两条金属线间的间隔太小，就可能造成短路；在某些情况下，不同层的掩模图形间隔也不能小于最小间距，例如多晶硅与有源区之间要保持最小间距，避免发生重叠。

■ （3）最小包围

N 阱、N+ 和 P+ 离子注入区在包围有源区时，都应该有足够的余量，以确保即使出现光刻套准偏差时，器件有源区始终在 N 阱、N+ 和 P+ 注入区内。应使接触孔被多晶硅、有源区和金属包围，以保证接触孔位于多晶硅（或有源区）内。

■ （4）最小延伸

某些层次重叠于其他层次之上时，不能仅仅到达边缘为止，应该延伸到边缘之外一个最小长度。例如 MOS 管多晶硅栅极必须延伸到有源区之外一定长度，以确保 MOS 管有源区边缘能正常工作，避免源极和漏极在边缘短路。

设计规则一般分为两种。一种设计规则是直接用微米数表示最小尺寸。但是即使是最小尺寸相同，不同公司不同工艺流程的设计规则都不同，这就使得在不同工艺之间进行设计的导出导入非常耗费时间。另外，可以采用第二种设计规则，由 Mead 和 Conway 推广的比例设计规则。它对整个版图设置一个参数，作为所有设计规则中最小的那一个，其他设计规则的数值都是这个参数的整数倍。此参数对应不同的工艺有着不同的微米值。从而实现其他规则随着线性变化。华大九天 0.18μm CMOS 工艺的 N 阱设计规则见表 2-1。CMOS 工艺的 N 阱设计规则示意图如图 2-20 所示。

表 2-1　CMOS 工艺的 N 阱设计规则

规则编号	描述	微米规则 / μm
NW.1	阱区最小尺寸	0.86
NW.2a	最小间距（阱区具有相等电位）	0.60
NW.2b	最小间距（阱区具有不等电位）	1.40

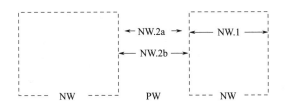

图 2-20　CMOS 工艺的 N 阱设计规则示意图

　　CMOS 工艺的有源区设计规则见表 2-2。CMOS 工艺的有源区设计规则示意图如图 2-21 所示。

表 2-2　CMOS 工艺的有源区设计规则

规则编号	描述	微米规则 / μm
AA.1	有源区最小尺寸	0.22
AA.2	有源区最小间距	0.28
AA.3	N 阱重叠 N$^+$ 区	0.12
AA.4	N 阱至 N$^+$ 之间的间距	0.43
AA.5	N 阱重叠 P$^+$ 区	0.43
AA.6	N 阱至 P$^+$ 之间的间距	0.12

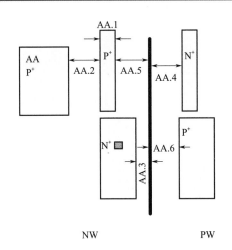

图 2-21　CMOS 工艺的有源区设计规则示意图

　　CMOS 工艺的多晶硅设计规则见表 2-3。CMOS 工艺的多晶硅设计规则示意图如图 2-22 所示。

　　CMOS 工艺的接触孔设计规则见表 2-4。CMOS 工艺的接触孔设计规则示意图如图 2-23 所示。

表 2-3　CMOS 工艺的多晶硅设计规则

规则编号	描述	微米规则 / μm
GT.1	多晶硅最小宽度	0.18
GT.2	多晶硅最小间距	0.25
GT.3	多晶硅和有源区的最小间距	0.10
GT.4	多晶硅的最小伸展	0.32

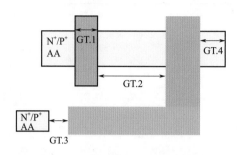

图2-22　CMOS工艺的多晶硅设计规则示意图

表 2-4　CMOS 工艺的接触孔设计规则

规则编号	描述	微米规则 / μm
CT.1	接触孔尺寸	0.22
CT.2	接触孔最小间距	0.25
CT.3	接触孔与有源区最小间距	0.20
CT.4	接触孔与多晶硅最小间距	0.16
CT.5	接触孔与有源区最小覆盖	0.10
CT.6	接触孔与多晶硅最小覆盖	0.10

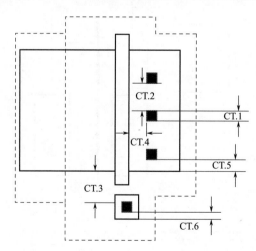

图2-23　CMOS工艺的接触孔设计规则示意图

　　CMOS 工艺的金属 1 设计规则见表 2-5。CMOS 工艺的金属 1 设计规则示意图如图 2-24 所示。

　　CMOS 工艺的通孔设计规则见表 2-6。CMOS 工艺的通孔设计规则示意图如图 2-25 所示。

表 2-5　CMOS 工艺的金属 1 设计规则

规则编号	描述	微米规则 / μm
M1.1	金属 1 最小宽度	0.23
M1.2	金属 1 最小间距	0.23

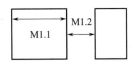

图 2-24　CMOS 工艺的金属 1 设计规则示意图

表 2-6　CMOS 工艺的通孔设计规则

规则编号	描述	微米规则 / μm
V1.1	通孔尺寸	0.26
V1.2	通孔最小间距	0.26
V1.3	通孔与金属 1 之间最小覆盖	0.01

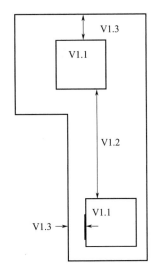

图 2-25　CMOS 工艺的通孔设计规则示意图

2.3　工艺选择

　　尽管目前有许多种工艺方法用以制造集成电路，但是现阶段大量的集成电路都是双极型产品和 MOS 产品。

　　在相同条件下，MOS 电路比双极型电路占用芯片面积更小。一个原因是 MOS 器件本身尺寸较小；另一个原因是 MOS 电路结构往往比双极型电路结构简单。因此 MOS 工艺制作的产品有较高的集成度或封装密度。

　　正常工作时，MOS 电路工作电流较小，因此它的功耗比双极型电路小。然而，双极型电路工作速度却比 MOS 电路快。增大工作电流和提高工作电压可以提高电路工作速度，但却增加了功耗。所以工程上往往用功耗延时积作为判别一个电路性能优劣的指标。MOS 电路的功耗延时积就优于双极型电路。例如，典型的双极型集成电路产品——低功耗肖特基 TTL 逻辑，通常传输时延是 10ns，静态功耗 2mW，因此其功耗延时积是 20pJ。与其功能相似的 CMOS 电路，典型传输时延是 40ns，比双极型电路速度低，但它的静态功耗却只有 10nW，因此其功耗延时积为 0.4fJ。

MOS 晶体管比双极型晶体管结构简单，因而制造过程也较简单。这样，在生产过程中发生差错的概率较小，所以 MOS 工艺产品的成品率也就比相应的双极型工艺产品的成品率高。

在 LSI 和 VLSI 设计中，适当地利用存储器非常有价值。因为存储器和逻辑门网络相比具有独特的性质。存储器，特别是只读存储器（ROM），不仅可以储存软件或固件，也可以用来取代网络中的某些逻辑门，MOS 工艺在制造存储器时具有双极型工艺无法比拟的优点。在动态逻辑电路中，一个 MOS 管就可以是一个存储单元，这对削减芯片面积和功耗都十分有利。因此 MOS 工艺特别适宜制造超大规模集成电路产品。

总之，从集成度、功耗、成品率等各个因素考虑，MOS 工艺都优于双极型工艺。

在 MOS 工艺中，NMOS 和 CMOS 又是两种最主要的工艺。NMOS 结构中只有 N 沟道 MOS 晶体管；CMOS 结构中却含有 N 沟道和 P 沟道两种 MOS 晶体管。因此，NMOS 工艺比 CMOS 工艺简单，占用芯片面积小。但是，CMOS 电路的重要特点就是功耗小，因而功耗延时积也小，最适于制作超大规模集成电路产品。

最后，将超大规模集成电路中常见的工艺特点概括如下：

① CMOS 特点是功耗低、密度高。高速 CMOS 能达到的指标十分令人满意，是今后使用最为广泛的集成电路生产工艺。

② ECL 特点是速度极高、功耗大，门时延一般不超过 1ns。由于功耗大，通常需特殊冷却措施，在对速度有特别要求的地方，ECL 仍是主要的制作工艺。

③ TTL 速度高，功耗高。

2.4 工艺技术的发展趋势

从技术发展趋势来看，集成电路的物理极限很大程度上受到科学技术的影响，随着半导体设备、材料、设计、制造等方面的进步，集成电路的理论"极限"一直在被不断突破（20 年前认为 100nm 已经是极限），目前的极紫外光刻与多重图形工艺已经可以将工艺推进至个位纳米级，且芯片制造仍存在立体化、集成化的空间。

广义上的半导体设备包括半导体材料制造设备、半导体加工设备（狭义上的半导体设备）和半导体封测设备三部分，分别服务于半导体制造产业链中的原料制造、晶圆加工和封装测试三大环节。半导体产业链所需设备如图 2-26 所示。

总的来说，先进工艺下，线程更精密、步骤更复杂、技术难度更高。半导体设备将会进一步走向精细化、精确化、复杂化，不惜牺牲一定的效率，保证其精密性，以满足精细工艺；保证良品率，以适应复杂步骤；保证先进工艺生产能力，以满足客户要求。与此同时，先进工艺带来了下游产业的新一轮繁荣，带动全产业发展。复杂步骤迫使厂商为每条生产线购置更多设备，更高的技术难度带来了更高的单价，三者产生乘数效应。未来 3～5 年，半导体设备市场前景非常广阔。

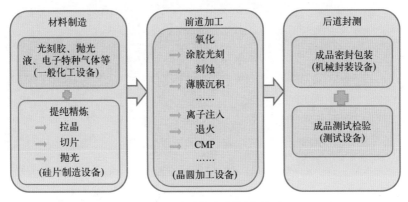

图2-26　半导体产业链所需设备

习题

一、名词解释

1. 设计规则

2. 特征尺寸

3. 集成度

二、简答题

1. 简述 CMOS 集成电路工艺基本流程。

2. SiO_2 膜在集成电路器件中有哪些应用？

3. 光刻工艺的主要流程有哪几步？

4. 比较两种单晶硅制备方法的优缺点。

5. 比较几种常见工艺之间的优缺点。

第3章

超大规模集成电路设计方法

▶▶ 思维导图

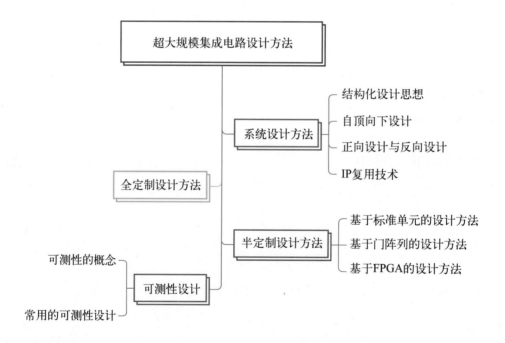

超大规模集成电路（VLSI）内含晶体管数目很多，因此需要借助EDA工具辅助完成电路的设计。集成电路设计是一个复杂的过程，需要综合考虑性能、成本、上市时间以及可测性等因素，以最短的时间、最小的成本开发出高质量的集成电路。从总体上看，集成电路设计是一个费时、费力的过程。需要高水平的设计方法和手段以使集成电路的成本降低，周期缩短，效率提高。本章简要描述了数字集成电路设计的基本方法。在过去数十年中，许多新的实现形式迅速出现，为设计者提供了广泛的选择空间。这些设计技术和相应的工具对今天的设计方法有着重要的影响。本章虽然简要，但能进一步挖掘各种可能性。

超大规模集成电路的设计是相当复杂的工作，设计目标往往不同：集成度、可靠性、技术保密、设计周期、产品价格等。由此可见，集成电路的系统设计首先要明确设计用途，选择恰当的设计方法，再进行具体的技术设计。集成电路的系统设计通常指系统的结构研究、功能的确定、模块构造，以及测试验证等问题。通常，对超大规模集成电路设计提出的要求包括以下几点。

■（1）设计周期

集成电路产品更新速度非常快，市场竞争异常激烈，这对产品的设计周期提出了严格的要求。要求产品设计开发时间尽可能短。

■（2）成本要求

集成电路的成本包括固定成本（设计费用）及可变成本（制造费用），以及人工费。开发设计费用一般以投入设计的人和设计时长计算，即开发过程中的人数与时间的乘积。

设计时间在设计成本中占主要地位，它不仅影响产品最终的成本，而且受市场竞争的制约。一般来讲，对于市场需求量大、通用性强的电路，可用全定制设计方式设计，以减小芯片面积、提高电路性能；这种设计方式的缺点是费时。而对于批量不大的专用电路，可采用半定制的设计方式，以缩短设计时间、减小设计费用；这种设计方式的缺点是芯片面积的利用率低。

■（3）设计正确性及性能要求

设计的正确性是集成电路设计中最基本的要求。集成电路设计一旦完成并送交制造厂生产后，再发现有错误，就需要重新进行设计、制版和流片。这种设计失误所带来的不仅仅是高投片费用的损失，还有设计周期的延误、产品上市的推迟及竞争失败等一系列巨大的损失。由于VLSI集成度越来越高、电路实现的功能越来越复杂，加上工艺的提高，出现了许多新的问题，如电路的延迟、噪声、串扰、功耗、时钟偏移过大、电迁移、光学邻近效应等问题，使得设计的复杂性呈双指数倍地增长，设计难度越来越大。对这样的芯片进行设计，所要花费的设计代价也是十分昂贵的。因此，必须满足百分之百的设计正确性要求。

■（4）设计过程集成化要求

在VLSI集成电路设计中，所有的设计工作在制造出电路之前是通过设计师借助于计算机工具进行验证、分析和辅助设计。由于集成电路设计这一独特的限制，就需要有功能更强、性能更好的EDA设计工具将整个集成电路设计过程统一考虑，前后呼应，从全局的角度使系统设计达到最优。

目前，实际上EDA工具几乎渗透到了VLSI设计的各个步骤中，从电路设计描述编辑与验证、高层次综合工具，到工艺模拟、器件模拟、电路分析、逻辑验证、逻辑综合，以及版图验证及参数提取、物理综合工具、封装工具等。

■ （5）VLSI 设计可测试性要求

测试在 VLSI 设计中是一个十分重要的课题。测试的意义在于检查电路是否能按设计要求正常工作。随着 VLSI 功能的日趋复杂，测试费用所占的比例明显增大，虽然芯片测试是在 VLSI 生产过程当中进行的，为了减少测试所需要的资源，往往在电路设计阶段就要考虑其可测试性的问题，以便增强测试的简易性。具体做法是在已有的逻辑设计基础上添加一些专门用于测试的辅助电路。

3.1.1　结构化设计思想

随着集成电路工艺技术的发展，越来越多的功能被集成到一个芯片中。随着电路设计复杂程度的增加，设计规模的增大，以及产品面市时间的压力，传统的以一个电路设计工程师加一个版图设计工程师的串行电路设计方式，已经成为研发进度难以逾越的瓶颈。在这种情况下，出错的概率大大增加，设计的质量也会大大下降。为了降低设计的复杂性，一般采用的方法就是结构化设计思想，其基本策略是对一个复杂系统的功能和组成部分进行划分，将其分解成若干组成部分。这些组成部分可以进行独立设计，并且这些部分经过一定的集成就可以完成整个系统的设计。并行的团队式设计方式，已经越来越显示出其价值。随着 EDA 软件并行设计功能的增强，以结构化方式的设计技术已经日益成熟。

结构化设计使系统设计者可直接参与芯片设计，以提高系统性能。为了减少系统设计的复杂性，结构化设计采用层次性、模块性、规则性、局部性等设计技术。

① 层次性：由于集成电路设计的规模较大、较为复杂，全定制设计一般根据内部相关性将系统划分为若干模块，再将模块划分成更小的子模块，直至模块大小达到可以接受的程度。

② 模块性：系统被划分为模块后，模块的功能要以明确的方式定义。模块性有助于设计人员分析问题并做出分工。

③ 规则性：在不同设计层次，均采用基于标准结构的设计方法。规则性设计可以简化设计流程，在一定程度上降低设计的复杂度。如电路级可以采用一致的晶体管，逻辑级可以采用相同的门结构，在更高层次上，可以基于标准结构形成上层架构。

④ 局部性：通过有效定义模块接口，降低模块内部结构对外部接口的影响。局部性可以使设计者在进行系统设计时无须关心模块的内部情况。

通常，为了使读图方便及便于划分电路设计任务，功能复杂的电路常常采用层次化设计方法。层次化设计中的子电路（sub-design），有时也称模块（block），在电路设计中可以方便地重复利用。

模块化电路设计则在层次化设计的基础上更进一步，即：将子电路的电路图与其物理设计对应起来做成物理模块（module）。模块不仅在电路图设计中可以被方便地被其他设计重复利用，而且在版图设计中，模块电路可以像调用器件封装一样方便，模块电路不需要重新布局布线。

模块化设计的优点：

① 简化设计过程——将复杂的电路分解成可重复利用的模块，对模块进行独立的测试，提高电路设计质量；

② 实现团队协同设计——将大的电路划分为较小的模块，各个部分的设计者可以根据

策划并行设计电路，最后整合到一起，缩短设计周期；

③ 便于设计的重利用——模块化的电路，其电路图和版图可以方便地用于其他设计中，不仅省时，而且可以避免重新设计可能引入的差错；

④ EDA 软件的模块化电路设计，不仅可以对模块直接利用，还可以很方便地对模块部分进行修改利用，如更换器件、改变连线关系，模块电路可以嵌套。

华大九天 EDA 软件中进行电路模块化和重利用的简化流程如图 3-1 所示。

在图 3-1 所示流程的基础上，可以实现已经设计完成的电路及电路单元的模块化，可以实现电路原理图和版图的并行设计。电路的模块化及重利用已经广泛应用于超大规模集成电路设计中，同时也在复杂电路的并行设计方面发挥了良好的作用。

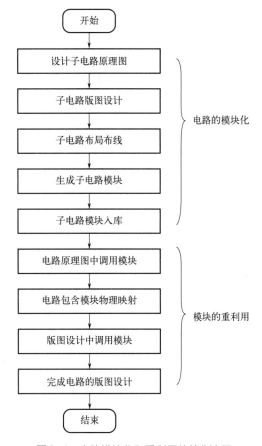

图3-1　电路模块化和重利用的简化流程

3.1.2　自顶向下设计

所谓自顶向下设计模式，是当前采用 EDA 技术进行设计的最常用的模式。设计者首先从整体上规划整个系统的功能和性能，然后对系统进行划分，分解为规模较小、功能较为简单的局部模块，并确立它们之间的相互关系。这种划分过程可以不断地进行下去，直到划分得到的单元可以映射到物理实现。自顶向下设计方法如图 3-2 所示。

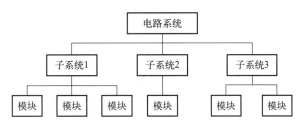

图3-2　自顶向下设计方法

自顶向下的设计属于层次化设计方法，设计从尽可能高的层次上开始进行，从而使设计者在更大的空间内进行设计，理解整个系统的工作状态，完成设计的权衡和相关的设计决策。同时自顶向下设计方法提供整个设计过程中的各设计阶段统一规范管理，包括系统的测试和各层次的模拟验证。

自顶向下的设计方法是建立在有效行为描述模型基础上的设计方法扩展，它可以大大提高设计者的效率。自顶向下的设计方法允许设计分成数字和模拟两部分相对独立地完成设计，最后的联合验证实现对系统功能的确认。整个设计过程分三个层次。第一层次设计接受功能描述和约束条件，根据设计经验选择电路结构，在模型库功能描述支持下，完成功能的验证，另外与数字设计相应描述相结合，可完成对整个芯片或系统的快速功能模拟验证。第二层次完成各模块的详细设计，并完成电路的性能分析和设计的权衡。由于自顶向下设计统一的数据管理，上层的模拟结果输出可以作为详细设计的输入，在这里，各模块之间的相互影响是电路描述的一个主要问题。最后一层是设计的优化，进一步实现性能最优和设计的权衡。

自顶向下设计利用高层次的设计方法，使设计者把精力集中于选择和比较设计思想，进行算法的转换和高层硬件结构的综合与验证，逻辑电路和版图的设计在结构综合完成之后进行，避免了由于系统设计错误在低层设计验证中才发现所带来的设计反复，从而缩短设计周期，提高设计的一次成功率。

自顶向下的设计方法的优点是显而易见的。由于整个设计是从系统顶层开始的，结合模拟手段，可以从一开始就掌握所实现系统的性能状况，结合应用领域的具体要求，在此时就调整设计方案，进行性能优化或折中取舍。随着设计层次向下进行，系统性能参数将得到进一步的细化与确认，并随时可以根据需要加以调整，从而保证了设计结果的正确性，缩短了设计周期。设计规模越大，这种设计方法的优势越明显。自顶向下的设计方法的缺点是需要先进的 EDA 设计工具和精确的工艺库的支持。

3.1.3　正向设计与反向设计

集成电路设计主要根据具体某条电路性能的要求，在符合电路结构、设计方案和规划的前提下，要缩小面积、降低成本、缩短时间，最终实现集成电路最优化设计；同时，还要满足基础电路的要求。就目前而言，集成电路设计可以分为正向设计和反向设计两种模式，正向设计通常用于实现一个新设计，而反向设计则是在对他人设计进行剖析的基础上改进而得。正向设计和反向设计模式流程图如图 3-3 所示。

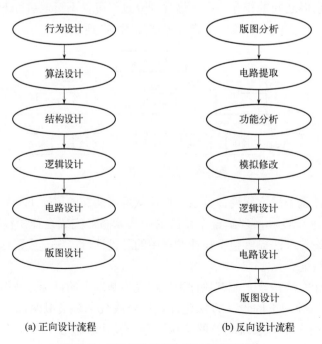

(a) 正向设计流程　　　　　　　(b) 反向设计流程

图 3-3　正向设计和反向设计模式流程图

正向设计就是从电路原理出发，要满足相关的指标和要求，设计模块和电路，然后得到集成电路版图需要的图形集合。在正向设计中，用户提出产品设计需求，设计人员按照产品功能和性能要求，从系统描述开始，经过多级综合设计和仿真模拟，产生供芯片制作使用的掩模图形，然后进行加工生产。反向设计是相对于正向设计而言的。在反向设计中，先有芯片原型，通过对芯片各层掩模图形的分析和抽取，得到产品的电路结构和功能，并在此基础上进行产品加工仿制，或者对电路进行必要的修改，产生一个新的电路结构。正向设计采用自顶向下的设计方法，即从设计思想出发，通过电路或逻辑设计得到芯片网表，最后设计完成用于生产的版图。与之相反，反向设计采用自底向上的设计方法，从参考芯片的图像开始，通过电路提取得到芯片网表或电路图，然后再对电路进行层次整理和分析，进而获取参考芯片的设计思想。

正向设计和反向设计的难点是不同的，正向设计的难点在于设计思想的构思，而反向设计的难点在于设计思想的获取。实际上正向设计是一种设计方法，通过正向设计可以把设计思想转变成芯片实物。而反向设计则是以学习设计技巧、提高设计经验、配合和完善正向设计为目的。因此，严格来讲反向设计并不是一种设计方法，而是促进和完善正向设计的一种手段，是正向设计的补充。

正向设计和反向设计并不是相互对立的，在实际设计中，这两种方法经常结合使用，只不过使用时会有所偏重。在集成电路发展的早期，电路结构比较简单，工艺层数较少，也不存在产品的保密设计等问题，反向设计方法在一些场合被应用。当集成电路集成度越来越高，设计工具也发展成熟后，反向设计逐渐退出了设计领域。主要原因是电路规模越来越大，对掩模图形进行分析是非常耗时的工作，并且由于一些芯片加工工艺非常精细，还进行了保密设计，分析和抽取成功概率非常低。在这种情况下，仿制产品几乎是不可能的。当设计思路明确、设计技巧积累充分时，会以正向设计为主，反向设计为辅。此时，反向设计起到纠正设计思路误差、弥补设计缺陷的作用。在设计规划阶段，反向设计对确定设计目标、选择设计工艺、合理估算成本等方面起到参考作用。在设计初期，反向设计可以验证设计思路的合理性和完善性，而在设计遇到难点时，反向设计可帮助寻求解决问题的线索。

3.1.4 IP复用技术

按照结构化设计思想，电路系统会被划分为较低层次的电路系统。如果在划分时，按照一定的结构规则和标准化规则，则可以在一定的划分层次把电路系统划分得更加规整，使相同或相似子系统可以被标准化，通过结构的重用来实现系统功能。在这种情况下，人们可以事先设计出一些标准的子电路系统，构成单元库，用单元库中的单元来搭建更高一级的电路。

随着电路设计向高层设计发展，基于单元的设计方法也向IP复用技术方向转变。IP是从知识产权等含义中引用过来的词语。在集成电路设计中，是指具有知识产权的、已经设计好并经过验证的、可重复利用的集成电路模块，例如存储器核。

根据设计层次不同，IP分为软核、硬核和固核。

软核对设计的描述停留在寄存器传输级或者逻辑门电路层次，其功能是通过硬件描述语言表示的。软核可经用户修改，以实现所需要的电路系统设计。软核的开发工作量相对低，因此一般开发成本较低，柔性大，如可增加特性或选择工艺，并易于从一个工艺向另一个工艺转移，且性能可提高。软核主要用于对接口、算法、编译器和加密器等模块进行描述。

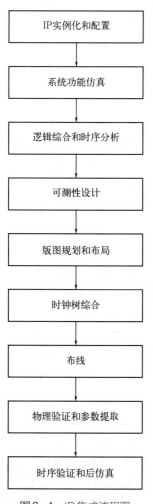

IP实例化和配置

↓

系统功能仿真

↓

逻辑综合和时序分析

↓

可测性设计

↓

版图规划和布局

↓

时钟树综合

↓

布线

↓

物理验证和参数提取

↓

时序验证和后仿真

图3-4　IP集成流程图

硬核是指已经完成版图设计的模块。硬核的表示是建立在一个工艺技术之上，一定功能单元的版图描述。由于物理版图已经生成，因此硬核不能被修改，物理结构已经确定，各种性能都相对固定。硬核的开发成本最高，柔性小，但性能确定并具有可预测性，易于使用，能够立即投入产品的制作。鉴于这种性质，硬核一般是一些固定的模块，如存储器、模拟器件等。

固核介于两者之间，主要为了缓解硬核带来的不灵活性。固核有一种相对固定的结构，允许用户对一些关键性能参数进行重新定义和设置。在完成设计之后，固核能够根据参数的设置重新进行版图数据的生成，供产品的最终设计使用。

复用并不是一个崭新的概念。在软件设计领域，很早就使用可复用代码，如函数库等，来提高设计效率。近些年来，在硬件设计领域中采用IP复用技术，取得了重大的突破。自动综合工具与硬件描述语言一起将设计复用提升到更高的抽象级别，实现了设计复用的自动化，同时提高了设计的效率和质量。通过上述手段，大大增强了IP的可复用性。硬件设计复用正逐渐采用软件方法，如编程、库技术等，从硬件设计模式向软件设计模式转变。

随着集成电路设计技术的迅速发展，芯片设计复杂度迅速增加，同时熟练设计人员的增长有限，而对设计周期的要求越来越高。IP复用技术，即重复使用已经设计并验证过的集成电路IC模块，是提高设计效率、缩短设计周期的一个关键。IP集成流程图如图3-4所示。IP复用技术的优点有三个：一是重复利用IP可以提高设计能力，节省设计人员；二是能大大缩短上市周期；三是可以更好地利用现有的工艺技术，降低成本。

3.2　全定制设计方法

全定制设计方法是指基于晶体管级，所有器件和互连版图都用手工生成的设计方法，这种方法比较适合大批量生产，要求集成度高、速度快、面积小、功耗低的通用IC或ASIC。全定制集成电路设计方法是按照规定的功能与性能要求，对电路的结构和逻辑的各个层次进行精心设计，然后对电路的布局与布线进行专门的优化设计，以达到芯片的最佳性能。

全定制作为一种灵活性很强的设计方法，遵循集成电路层次化设计规则。首先根据要求进行功能描述和寄存器级设计。在寄存器级设计中把电路分成多个单元模块，再对各个单元模块进行逻辑设计、电路设计直到版图设计。最后，将各单元整合，连线完成整体电路设计，基本设计流程如下。

■　（1）定义设计规格

典型的设计规格书描述了电路的功能（电流放大能力、信噪比等），最大可允许的延时，以及其他的物理性能，如功耗等。

■ （2）绘制电路图

电路图绘制工具可以提供门级和晶体管级的电路图绘制功能，该步骤完成后可以生成网表文件，供电路仿真使用。

■ （3）产生子电路或电路单元符号

在有层次结构的电路中，使用用户自定义的电路符号代替子电路模块，有利于减少重复绘制，使整个顶层电路简洁有序。

■ （4）电路仿真

这一步将调用电路仿真工具来实现电路的仿真，用以验证电路的各项电性能指标是否符合规格说明书。这一步可能需要迭代进行，若仿真的结果不满足设计规格，需要调整电路图，然后再仿真。这一步由于没有寄生参数加入网表，通常叫作版图前仿真。

■ （5）生成版图

版图的生成是至关重要的一环，是连接电路设计与芯片代工厂的一个桥梁。版图不仅反映了电路图的连接关系和各种元器件规格，还反映了芯片的制造过程和工艺。生成版图有两种途径，一种是手工绘制而成，另一种是自动生成，都是国际流行的标准格式。

■ （6）设计规则检查（DRC，design rule check）

版图生成完成后，还需要进行设计规则检查，这是一些由特定的制造工艺水平确定的规则，这些规则体现了芯片制造的良率（即成品率、合格率）和芯片性能的折中。

■ （7）版图与原理图一致性检查（LVS，layout versus schematic check）

LVS 将比较原来的电路图的"拓扑网络"与从版图中提取出来的拓扑结构，并证明二者是完全等价的。LVS 提供了另一个层次的检查以保证设计的完整性和可靠性——这个版图是原来设计的物理实现。LVS 只能保证电路的拓扑结构是一致的，并不能保证最后电路的电学性能一定满足设计规格书。典型的 LVS 错误为，两个晶体管的不当连接关系，或遗漏的连线等。

■ （8）寄生参数提取

当版图的检查完成之后，需要提取该电路的寄生参数，以用来比较精确地模拟现实芯片的工作情形。寄生参数包含寄生电阻和寄生电容，在高频电路设计中还需要提取寄生的电感。这些寄生参数一般都简化成一个或多个电阻、电容、电感，"插入"相应的电路节点处，一般都是与电压无关的线性无源器件。这样经过寄生参数提取后生成网表文件。

■ （9）后仿真

在 DRC 和 LVS 这两步上都有返回版图的迭代，说明设计流程若要成功进行到后仿真这一阶段，需要清除所有 DRC 和 LVS 的错误信息。后仿真的输入是包含原始电路信息以及寄生信息的网表，是最接近真实电路的网表文件。通过后仿真可以获得该设计完整真实的性能：延时、功耗、逻辑功能、时序信息等，这一过程也是验证整个设计是否成功的"最后一关"，若不满足规格说明书要求，则需要从头来过——从调整电路开始重新走完新一轮的设计流程。

全定制设计往往需要手工参与，目前还没有一个很完善的全定制设计 EDA 工具。由于全定制设计是一种很少受约束的设计技术，手工参与设计的实质是把一个设计划分为若干流程步骤，由不同流程的专家各自完成设计任务。而在各部分任务中，可以有相应的 EDA 工具支持。所以全定制设计中，版图验证比半定制中的作用更加突出。

全定制设计的优点是设计的芯片具有较高的集成度，能有效利用芯片面积，设计灵活性好，芯片性能高。全定制设计的缺点是设计周期长、费用高，不适合小批量生产。

3.3 半定制设计方法

半定制设计是按用户所需功能，把成熟的、已实现的单元电路连接起来，缩短专用集成电路设计周期的一种设计方法。专用集成电路虽然功能不同，但其电路都是由一些基本单元电路构成的，若把这些基本单元电路事先设计好或制备好，当开发新产品时，只需直接将它们按功能组成或添加少许新电路即可，可减少、简化设计和制造过程。半定制设计就是设法利用实际应用的电路成果或专门设计的一些通用元件，使设计过程标准化，节省设计费用和时间。半定制设计流程如图 3-5 所示。

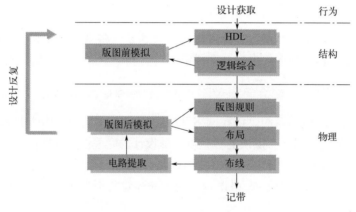

图3-5　半定制设计流程

■ （1）设计获取

使设计进入设计系统中，可以有多种方式实现这一步骤，包括逻辑电路图、RTL 代码输入等。

■ （2）逻辑综合

把用 HDL 语言描述的模块转换成网表，然后插入可复用的或生成的宏单元网表，以生成该设计的完整网表。

■ （3）前仿真验证

检查设计是否正确并进行性能分析。如果发现该设计不能工作，必须再次重复设计获取或逻辑综合这两个步骤。

■ （4）版图规划

根据估计的模块尺寸，规划出芯片面积的总体分配。全局的电源和时钟分布网络也在此步骤进行分析。

■ （5）布局布线

确定各单元的精确位置，完成各单元和功能模块之间的互连布线。

■ （6）参数提取

从实际的物理版图中产生该芯片的模型，包括精确的器件尺寸、器件寄生参数以及导线的电阻电容。

■ （7）版图后仿真验证

在考虑版图寄生参数的情况下，验证芯片的功能和性能。如果发现芯片有不足之处，则有必要重复进行版图规划、布局布线等步骤。若仍不能解决问题，则有必要进行新的结构设计过程。

■ （8）记带

若设计出已满足所有的设计目标和功能，就生成包含制造掩模所需全部信息的文件，这一文件将被送至供应商或制造厂。这一过程称为记带。

半定制不需要专业设计者的全程参与，设计自动化程度高，整个设计过程所需的时间较短，费用较低。但所得芯片的功耗、速度和面积等往往不如全定制设计的结果。半定制设计主要包括标准单元设计、门阵列设计、现场可编程门阵列设计等。

3.3.1　基于标准单元的设计方法

标准单元法是集成电路生产厂商已经有了许多不同系列的标准单元电路，例如，各种基本逻辑门电路、驱动器、触发器、计数器等标准系列电路，这些标准单元电路都经过精心设计、实际校验，完全能正确可靠地工作。它们的电气特性参数、版图以及各种工艺参数都已全部存储在计算机内，构成了标准单元库。同一系列库单元中的各个标准单元都有相同的高度和位置、相同的电源馈线，用标准单元设计专用集成电路时，只需将所需单元从单元库中调出，排列成行，行间留出适当的布线通道，周边再布置上一些缓冲输入、输出单元和压焊块，最后完成布线即可。

以单元为基础进行设计是指通过重复利用有限的单元库来减少设计所需进行的工作。这一方法的优点是对于一个给定的工艺，单元只需要设计和验证一次，而后可以重复利用许多次，因此分摊了设计成本。缺点是由于库本身受约束，因而减少了仔细调整设计的可能性。

标准单元方法使得在逻辑门一级的设计标准化。这一方法提供了一个扇入和扇出数目在一定范围内的逻辑门库。除了基本逻辑功能，如反相器、与门、或门、异或以及触发器外，一个典型的库还包含比较复杂的功能单元，如比较器、计数器、译码器等。设计就像是画一张只包含库中所含单元的线路图，或者由高级语言自动生成，然后自动生成版图。在标准单元方法中，单元放在行中，有些行被布线通道隔开。标准单元的结构示意图如图 3-6 所示。

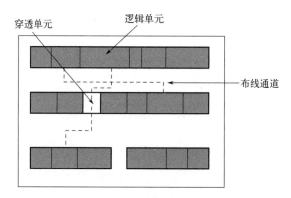

图3-6　标准单元的结构示意图

为了提高效率，要求库中所有单元都具有相同的高度。单元的宽度可变，以适应各单元不同的复杂程度。标准单元技术可以与其他版图设计方法混用，允许引入例如存储器这样的模块。基于单元的设计方法中版图相当大一部分面积用于布线，因此使互连线面积最小是标准单元布局布线工具最重要的目标。使布线长度最短的一个方法是引入穿透单元，它可以实现在不同行的单元间连接而不必绕过一整行。减少布线面积的一个更为重要的方法是增加更多的互连层。在现代工艺中可以有 7 层甚至更多的金属层，几乎可以完全不需要布线通道。实际上所有信号的布线都可以在单元上，形成一个真正的三维设计。这意味着实际上所有的芯片面积都为逻辑单元所覆盖，只有很小一部分面积浪费在互连上。

现在的库对于每一个单元都有许多版本，并且根据不同的驱动强度以及性能和功耗水平有不同的尺寸。当给定速度和面积要求时就可以使用综合工具来选择正确的单元。

标准单元已经变得非常普及，并且在今天的集成电路中几乎已用于实现所有的逻辑元件。唯一的例外出现在需要极高性能或极低功耗的时候，或者是所需功能的结构非常规的时候（例如存储器或乘法器）。

逻辑门级的标准化对于设计随机逻辑功能是非常有吸引力的，但对于设计诸如乘法器、存储器等比较复杂的结构，效率是比较低的。复杂性超过典型标准单元库中的单元称为宏单元，可以分为两种类型：硬宏单元和软宏单元。

硬宏单元代表一个具有制订功能及预先确定物理设计的模块。在该模块内部，晶体管和布线的相对位置是固定的。在本质上，一个硬宏单元代表一个所要求功能的定制设计。硬宏单元的优点是它本身具有定制设计的所有好处：密集的版图、优化和可预见的性能及功耗。通过把功能包括在一个宏单元中，它就可以多次在不同的设计中重复使用。这一可重复性有助于补偿最初的设计成本。硬宏单元的缺点是它很难把这一设计移植到其他工艺或其他制造厂商。对于每一种新的工艺，有必要对这一功能块的大部分进行重新设计。

软宏单元代表一个具有指定功能但却没有具体物理实现的模块。一个软宏模块的布局布线在不同情况下可以各不相同。这表明时序数据只能在最终的综合及布局布线阶段完成之后才能确定。通过真正理解这一模块的内部结构以及对物理生成过程提出精确的时序和布局方面的约束，软宏单元通常能成功地提供明确定义的时序保证。软宏单元虽然没有全定制设计方法的优点并依赖于半定制的物理设计过程，但它们的主要优点是可以被移植到许多工艺过程中，因此可以把设计所花费的精力和成本分摊在范围很广的一组设计上。

集成系统设计已迅速成为在不同细节程度上重复利用的过程。在最低层次上，有标准单元库；在较高一些层次上，有功能模块；再高一层，有嵌入式处理器；最后有专用的宏单元。随着越来越多的系统功能在单个芯片上实现，往往可以看到一个典型的专用集成电路由各种各样的设计形式和模块组成，在大量的标准单元中嵌入许多硬宏单元和软宏单元。

用户决定采用标准单元法设计集成电路时，首先向设计中心或设计系统查询标准单元目录，通常每一种标准单元都有参数表，提供该单元的特征信息。除了由生产厂商提供的标准单元外，用户也可以自行设计一些标准单元以满足设计需要，当然自行设计的单元高度和工艺应保持兼容，经过验证，符合要求的自行设计单元还可以存入标准单元库中。

标准单元设计方法自动化程度高、设计周期短、设计效率高，可以与全定制设计方法相结合，提高电路性能。其十分适合专用集成电路设计，是目前应用最广泛的设计之一。但标准单元设计也存在一些问题：单元设计的原始投入大，单元库开发需要投入大量成本；当工艺更新后，单元库也要随之更新，工作量繁重。

3.3.2 基于门阵列的设计方法

门阵列方法是一种适合设计自动化的实现技术，主要思想是采用部分工艺在晶圆上预先制作出规则阵列的"门"或元件阵列，只需根据用户要求设计出连线掩模即可得到用户所需的集成电路。已制作出阵列结构单元的晶圆上可以有简单逻辑功能的门，然而大多数情况下是一些元件的规则排列。在"门"内采用不同的连接方式完成各元件的互连，能够得到不同逻辑功能的门。为了使"门"内元件通过互连而实现尽可能多的功能，"门"内各个元件都有冗余端口，电路设计工程师只需在此基础上完成适当的互连，就可获得所需要的电路。

基于门阵列的方法中，晶圆上含有基本单元或晶体管阵列，外围是电源/地线和输入/输出压焊块。制造晶体管所需的全部生产过程都是标准化的，并且与最终的应用无关。若要转变成一个实际的设计，只需加上所希望的互连线，因此决定芯片的整体功能只需要几个金属化的步骤。这些过程可以很快完成，然后应用到预先制造好的晶圆上，从而使周期减少到一周或几天。这一方法常常被称为门阵列或门海方法。

门阵列方法实例如图3-7所示。它由4个NMOS和4个PMOS、多晶硅栅连线以及电源和地线构成。每个扩散区有两个可能的接触点，而多晶硅有两个可能的连接点。在金属层上增加几条额外的导线和接触孔，就可以把这一尚未实现任何逻辑功能的单元转变成一个实际的电路，如图所示，图中该单元变成了一个四输入的或非门。最初的门阵列方法把单元布置在被布线通道隔离的行中。总体看来这类似于基于标准单元方法。当采用更多的金属层时可以取消布线通道。这一无通道结构称为门海，它可以提高密度，并且有可能使一个单片上的集成密度达到百万个门的水平。门海方法的另一个优点是它可以定制设计第一层金属与扩散区和多晶硅之间的接触层，而不像标准门阵列那样预先定义接触点。这种灵活性的结果是可以进一步缩小单元的尺寸。

设计一个门阵列的主要问题是决定基本单元的组成及各个晶体管的尺寸。必须提供足够数量的布线通道，使得浪费在互连上的单元数目降到最小。选择单元时，应使预先制造的晶体管能够在一个相当广泛的设计范围上被最大程度地利用。

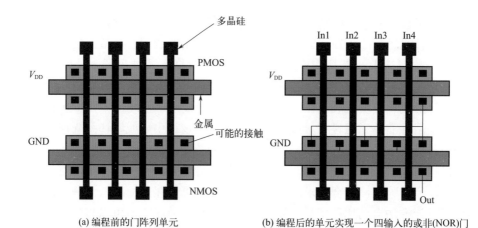

(a) 编程前的门阵列单元   (b) 编程后的单元实现一个四输入的或非(NOR)门

图3-7　门阵列方法实例

门海基本单元范例见图3-8。图中以简化的方式画出许多其他单元结构。第一种方法中每个单元含有有限个数目的晶体管，门由氧化层绝缘的方法隔离。第二种方法是栅隔离结构，使用逻辑门的最末端晶体管来隔离相邻的逻辑门。在这一结构中，必须在电学上使某些器件关断以便在相邻门之间形成隔离，这可以通过把管子分别接电源和地来实现。虽然为提供隔离浪费了一些晶体管，但在总体上提高了晶体管的密度。

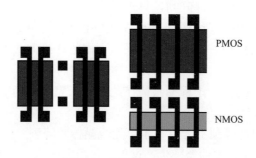

图3-8　门海基本单元范例

门阵列设计生产所需掩模数量较少，所以成本比较低。不同的设计可以使用相同的测试工具。当工艺改变或结构变化时，只需较少的修改。缺点是单元内的晶体管使用率不高，且布线存在一定困难，同时晶体管尺寸一般较大，导致门阵列面积大。

3.3.3　基于FPGA的设计方法

虽然门阵列提高了快速实现的途径，但如果可以完全避免专用的制造步骤，则效率甚至会更高。这就产生了预先生产芯片使它们可以现场编程的想法，称之为现场可编程门阵列（FPGA）。FPGA是一种可编程器件，提供了用户可编程和自己制造的能力，极大地缩短了设计和制造时间。这一方法的优点是制造过程完全与实现阶段脱离，并且可以在大量的设计中分摊成本。实现本身可以在用户处完成，因此周转时间几乎可以忽略。与全定制方法相比，这一方法的主要缺点是它的性能和设计密度较低。

FPGA的结构一般包括：可编程逻辑块、可编程输入/输出单元、时钟模块、RAM（随机存储器）、专用IP单元。

■ （1）可编程逻辑块

FPGA 内部的基本逻辑单元，数量和特性会依据器件的不同而不同。大体上每个逻辑块由若干查找表及附加逻辑组成，可用于实现组合逻辑和时序逻辑，还可以被配置成分布式RAM 和分布式 ROM。

■ （2）可编程输入/输出单元

简称 I/O 单元，是 FPGA 芯片与外界电路的接口部分，用于完成不同电学特性下对输入/ 输出信号的驱动与匹配要求。通常 FPGA 内的 I/O 按组分类，每组都能够独立地支持不同的 I/O 标准。通过软件的灵活配置，可适配不同的电学标准与 I/O 物理特性，可以调整驱动电流的大小，改变上拉或下拉电阻。目前，I/O 数据传输速度越来越高。

■ （3）时钟模块

目前多数 FPGA 均提供数字时钟管理模块。在时钟的管理和控制方面，数字时钟管理模块功能更强大，使用更灵活。功能包括消除时钟延迟、频率综合、相位调整等系统方面的需求，可提供精确的时钟综合，且能够降低时钟抖动。

■ （4）RAM

FPGA 内部除了逻辑资源外用得最多的功能块，它以硬核的形式集成在 FPGA 内部，成为 FPGA 最主要的存储资源。各种主流的 FPGA 芯片内部都集成了数量不等的 RAM。其最大优势在于不会占用任何额外的可编程逻辑块。在集成开发环境中，通过 IP 核生成工具灵活地将其配置为不同的存储器模式。此外，还可以将多个 RAM 通过同步端口连接起来，构成容量更大的 RAM。

■ （5）专用IP单元

专用 IP 单元指由 FPGA 厂商提供的、预先设计好、经过严格测试和优化过的软核 IP 或硬核 IP。正是由于继承了丰富的专用 IP 单元，并在相关 EDA 工具的配合下，使 FPGA 逐步具备了软硬件系统设计的能力，从单纯的原型验证平台向 SoC 平台过渡。

FPGA 设计流程主要包括以下几个步骤。

■ （1）电路功能设计

电路功能设计在系统设计之前，首先进行的是方案论证、系统设计和 FPGA 芯片选择等准备工作。系统工程师根据任务要求，如系统的指标和复杂度，对工作速度和芯片本身的资源、成本等方面进行权衡，选择合理的设计方案和合适的器件类型。

■ （2）设计输入

设计输入是将所涉及的系统或电路以 EDA 工具要求的形式表示出来，并输入给 EDA 工具。常用的方法有硬件描述语言输入或原理图输入。

■ （3）功能仿真

功能仿真也称为综合前仿真，主要目的在于验证电路的功能是否符合设计要求，这个阶段可以检查代码的语法错误以及代码行为的正确性，其中不包括延迟信息。

■ （4）综合

综合将设计编译为由基本逻辑单元构成的逻辑连接网表，然后根据目标与要求优化所生成的逻辑连接，使层次设计平面化，供 FPGA 布局布线软件来实现。

■ （5）综合后仿真

检查综合结果是否和原设计一致，在仿真时，把综合生成的标准延时文件反标注到综合仿真模型中去，用于评估门延时带来的影响。

■ （6）实现与布局布线

实现是将逻辑网表配置到具体 FPGA 上，布局布线是其中的重要环节。布局是将逻辑网表中的单元配置到芯片内部的固有硬件结构上，并需要在速度最优和面积最优之间做出选择。布线是根据布局的拓扑，利用芯片内部的连线资源，合理、正确地连接各元件。目前 FPGA 的结构非常复杂，特别是在有时序约束条件时，需要利用时序驱动进行布局布线。布局布线后，EDA 工具会自动生成报告，提供有关设计中各部分资源的使用情况。

■ （7）时序仿真

时序仿真也叫后仿真，指将布局布线的延时信息反标注到设计网表中，检测有无时序违规。此时延时最精确，能较好地反映 FPGA 的实际工作情况。

■ （8）板级仿真

板级仿真主要应用于高速电路设计中，对信号完整性和电子干扰等特性进行分析。

■ （9）芯片编程与测试

典型 FPGA 设计流程的最后一步是芯片编程与测试。FPGA 芯片编程是指产生使用的数据文件，然后将其下载到 FPGA 芯片中。FPGA 芯片调试使用内嵌的在线逻辑分析仪，它们只需要占用 FPGA 芯片少量的逻辑资源，具有较高的实用价值。

FPGA 小型化、低功耗、多功能、多次编程、保密性好，可以现场模拟调试验证，真正达到用户自行设计、自行研制和自行生产集成电路的目的。使用 FPGA 器件的用户可以用数小时（或数天）时间生产一个逻辑设计样机，因为设计周期短，FPGA 设计适合用于单件、批量很小的电子产品设计，或者用于验证实验电路。由于电路模拟速度很慢，可以把软件模拟改为硬件仿真，将设计好的电路下载到 FPGA 上，以验证电路的正确性。另外，FPGA 器件是用户可编程的，用户可以反复使用，可随时更新设计，重复编程对器件没有任何损伤，从而以最短的时间跟上市场需求。

3.4 可测性设计

可测性是现在经常使用，却经常被理解错的一个词。其框架式的定义是，可测性是在一定的时间和财力限制下，生成、评价、运行测试，以满足一系列的测试对象（例如，故障覆盖率、测试时间等）。对一些具体的集成电路来说，对该定义的解释由于使用工具和已有的技术水平的不同而不同。目前工业界使用的一个范围比较窄的定义是，可测性是能够测试检验出存在于设计产品中的各种制造缺陷的程度。

3.4.1 可测性的概念

所谓可测性设计（design for testability，DFT）是指设计人员在设计系统和电路的同时，考虑到测试的要求，通过增加一定的硬件开销，获得最大可测性的设计过程。简单来说，可测性设计即指为了达到故障检测目的所做的辅助性设计，这种设计为基于故障模型的结构测试服务，用来检测生产故障。目前，主要的可测性设计方法有扫描通路测试、内建自测试和边界扫描测试等。

为什么说 DFT 是必需的？让我们先来看看传统的测试方法，如图 3-9 所示。在传统测试方法中，设计人员的职责止于验证阶段，一旦设计人员认定其设计满足包括时序、功耗、面积在内的各项指标，其工作即告结束。此后，测试人员接过接力棒，开始开发合适的测试程序和足够的测试图形，用来查找出隐藏的设计和制造错误。但是，其在工作期间很少了解设计人员的设计意图，因此，测试人员必须将大量宝贵的时间花在梳理设计细节上，而且测试开发人员必须等到测试程序和测试模型经过验证和调试之后才能知道早先的努力是否有效。沿用传统测试方法，测试人员别无选择，只能等待流片完成和允许使用昂贵的自动测试设备（ATE）。这就导致了整个设计测试过程周期拉长，充斥着延误和效率低下的沟通。

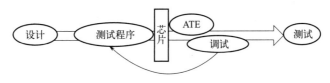

图3-9 传统的设计测试流程

20 世纪 80 年代以来，规模较大的半导体生产商开始利用 DFT 技术来改善测试成本，降低测试复杂度。如今，前端设计人员都能清楚地认识到，只要使用恰当的工具和方法，在设计的最初阶段就对测试略加考虑，会在将来受益匪浅，见图 3-10。DFT 技术与现代的 EDA/ATE 技术紧密地联系在一起，大幅降低了测试对 ATE 资源的要求，便于集成电路产品的质量控制，提高产品的可制造性，降低产品的测试成本，缩短产品的制造周期。

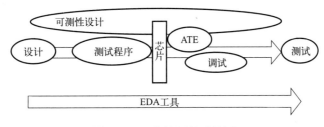

图3-10 现在的设计测试流程

可控制性（controllability）和可观测性（observability）是可测性设计中的重要概念。可控制性表示通过电路初始化输入端控制电路内部节点逻辑状态的难易程度，如果电路内部节点可被驱动为任何值，则称该节点是可控的。可观测性表示通过控制输入变量，将电路内部节点的故障传播到输出端，以便对其进行观察的难易程度。如果电路内部节点的取值可以传播到电路的输出端，且其值是预知的，则称该节点是可观测的。

所谓集成电路的可控制性可以理解为将该信号设置成 0 或者 1 的难度。如图 3-11 所示，对于与门 G3 输入端口 A 的固定为逻辑值 1 的故障，可以通过在外围端口 B、C、D、E 施加向量 0011 来检测，因此认为该节点是可控制的。

可观测性是指观察这个信号所产生故障的难度。如图 3-12 所示，G3 输入端口 A 的固定为逻辑值 1 的故障，可以通过施加 0 向量而传输到外围端口 Y，因此认为其为可观测的。

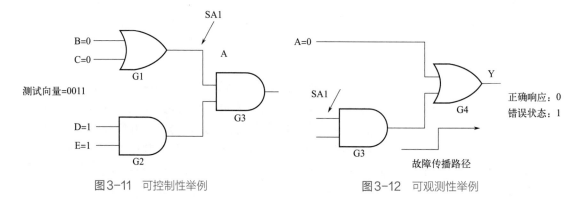

图 3-11　可控制性举例　　　　　　　　图 3-12　可观测性举例

3.4.2　常用的可测性设计

可测性设计是在原有的电路中加入额外的测试结构。DFT 的经济性涉及设计、测试、制造、市场销售等各个方面。不同的人衡量的标准也不一样，设计工程师通常觉得 DFT 附加的电路会影响芯片的性能，而测试工程师会认为有效的可测性设计将大大提高故障覆盖率。表 3-1 列出了可测性设计的一些优势和不足。

表 3-1　DFT 的优势和不足

优势	不足
可以利用 EDA 工具进行测试向量的生成	增大芯片的面积、提高出错概率
便于故障的诊断和调试	增加设计的复杂度
可以提高芯片的成品率并衡量其品质	需要额外的引脚，增加了芯片面积
减少测试成本	影响了芯片的功耗、速度和其他性能

加入额外的测试结构确实有助于芯片成品率的提高，从而大幅降低芯片的制造成本。当然为了弥补一些缺陷，DFT 技术本身也在不断地改进和发展。常用的可测性设计主要包含以下几种。

■ （1）内部扫描测试设计

内部扫描设计的主要任务就是要增加内部状态的可控制性和可观察性。对于集成电路而言，其做法是将内部时序存储逻辑单元连接成移位寄存器形式，从而可将输入信号通过移位输入内部存储逻辑单元，以满足可控制性要求。同样，以移位方式将内部状态输出以满足可观察性要求。采用扫描路径设计的芯片在测试方式下工作时，内部构成一个长的移位寄存器。

如图 3-13 所示，扫描测试工具首先把普通的触发器变成了带扫描使能端和扫描输入的触发器，然后把这些触发器串联在一起。当 scan_enable 无效时，电路可以正常工作，当 scan_enable 有效时，各触发器的值将可以从来自片外的 scan_in 信号串行输入。这样就可以对各片内寄存器赋值，也可以通过 scan_out 得到它们的值。支持扫描测试设计的工具有 Synopsys 公司的 DFT Compiler 及 Mentor 的 DFT Advisor。

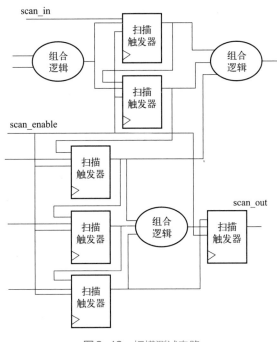

图3-13　扫描测试电路

■（2）自动测试向量生成（automation test pattern generation，ATPG）

ATPG 采用故障模型，通过分析芯片的结构生成测试向量，进行结构测试，筛选出不合格的芯片。通常 ATPG 工具和扫描测试工具配合使用，可以同时完成测试向量的生成和故障仿真。

首先是故障类型的选择。ATPG 可以处理的故障类型不仅是阻塞型故障，还有延时故障和路径延时故障等，一旦所有需要检测的故障类型被列举，ATPG 将对这些故障进行合理的排序，可能是按字母顺序、按层次结构或者随机排序。

在确定了故障类型后，ATPG 将决定如何对这类故障进行检测，并且需要考虑施加激励向量测试点，需要计算所有会影响目标节点的可控制点。此类算法包括 D 算法等。

最后是寻找传输路径，可以说这是向量生成中最困难的，需要花很多时间去寻找故障的观测点的传播。因为通常一个故障拥有很多的可观测点，一些工具一般会找到最近的那一个。不同目标节点的传输路径可能会造成重叠和冲突，当然这在扫描结构中是不会出现的。支持产生 ATPG 的工具有 Mentor 的 Fastscan 和 Synopsys 的 TetraMAX。

■（3）存储器内建自测试（built-in self-test，BIST）

内建自测试是当前广泛应用的存储器可测性设计方法，它的基本思想是电路自己生成测试向量，而不是要求外部施加测试向量，它依靠自身来决定所得到的测试结果是否正确。因此，内建自测试必须附加额外的电路，包括向量生成器、BIST 控制器和响应分析器，如图 3-14 所示。BIST 的方法可以用于 RAM、ROM 和闪存等存储设备，主要用于 RAM 中。大量关于存储器的测试算法都是基于故障模型的。常用的算法有棋盘式图形算法和 March 算法。支持 BIST 的工具有 Mentor 的 mBISTArchitect 和 Synopsys 的 SoCBIST。

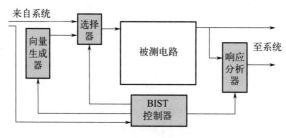

图3-14　BIST的基本结构

■ （4）边界扫描测试（boundary scan）

边界扫描的原理是在核心逻辑电路的输入和输出端口都增加一个寄存器，通过将这些 I/O 上的寄存器连接起来，可以将数据串行输入被测单元，并且从相应端口串行读出。在这个过程中，可以实现芯片级、板级和系统级的测试。其中，最主要的功能是进行板级芯片的互连测试，如图 3-15 所示。

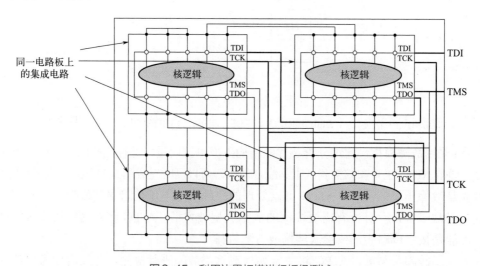

图3-15　利用边界扫描进行板级测试

边界扫描是欧美一些大公司联合成立的一个组织——联合测试工作组（JTAG）——为了解决印制电路板（PCB）上芯片与芯片之间互连测试而提出的一种解决方案。由于该方案的合理性，它于 1990 年被 IEEE 采纳而成为一个标准，即 IEEE 1149.1。该标准规定了边界扫描的测试端口、测试结构和操作指令，其结构如图 3-16 所示。该结构主要包括 TAP（测试访问端口）控制器和寄存器组。其中，寄存器组包括边界扫描寄存器、旁路寄存器、标志寄存器和指令寄存器。主要端口为 TCK（测试时钟引脚）、TMS（测试模式选择引脚）、TDI（测试数据输入引脚）、TDO（测试数据输出引脚），另外还有一个用户可选择的端口

TRST（测试重置引脚）。

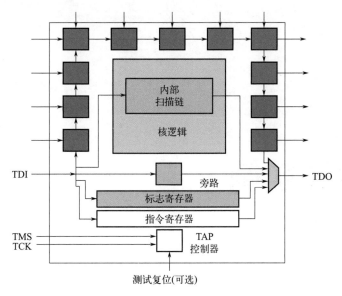

图3-16 IEEE 1149.1结构

习题

一、名词解释

1. 自顶向下

2. 自底向上

二、简答题

1. 简述集成电路的设计流程。

2. 分析常见集成电路设计方法的选择依据。

3. 比较"自顶向下"和"自底向上"两种设计方法的优缺点。

4. 简述门阵列的基本特征及设计步骤。

5. 比较门阵列设计方法和标准单元设计方法的主要特征。

6. 简述全定制电路与半定制电路的设计区别。

7. 简述基于单元的全定制电路设计方法与步骤。

8. 简述什么叫可测性设计。

第**4**章

器件设计实例

▶▶ 思维导图

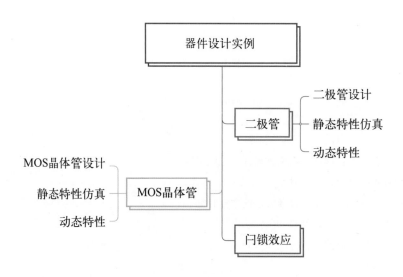

　　在数字集成电路中，基本的组成部分就是半导体器件，主要是MOS晶体管，此外还有寄生二极管和互连线。集成电路中所有元器件都制作在同一衬底上，因此，其结构与分立器件有很大的不同。器件的性能对电路功能的影响起到至关重要的作用。而互连线只是在最近由于半导体工艺尺寸的不断缩小才开始起到举足轻重的作用。本章主要介绍二极管和MOS管在数字电路设计中的特性。

PN 结是由 P 型半导体与 N 型半导体有机结合而成的，其中，P 型半导体的多数载流子（多子）为空穴，少数载流子（少子）为电子；而 N 型半导体的多数载流子为电子，少数载流子为空穴。所以在它们的交界面处存在多数载流子空穴和自由电子的浓度差。由于扩散原理，导致多子相互扩散，从浓度高的地方扩散到浓度低的地方，P 型半导体的空穴将通过二者交接处，向 N 型半导体中扩散，与 N 型半导体中的自由电子结合；同理，N 型半导体的自由电子也会向 P 型半导体扩散。由于多子的扩散，导致了靠近 P 区的 N 型半导体缺少了电子而形成了正离子，靠近 N 区的 P 型半导体缺少了空穴而形成负离子。当内建电场达到一定强度时，多子引起的扩散运动逐渐减弱，少子引起的漂移运动逐渐增强，最终漂移运动与扩散运动达到动态平衡，形成一定厚度的缺少载流子的空间电荷区，即 PN 结，也称为耗尽层。

数字电路中很少直接出现二极管，二极管主要的存在方式是寄生。每个 MOS 管中都含有一定数量的寄生二极管，主要类型为 PN 结二极管，产生原因来自制造工艺，IC 工艺中 PN 结的截面图如图 4-1 所示。

采用不同的掺杂工艺，通过扩散作用，将 P 型半导体与 N 型半导体制作在同一块半导体（通常是硅或锗）基片上，在它们的交界面就形成空间电荷区，称为 PN 结。这些寄生 PN 结二极管在 MOS 管的工作过程中发挥着重要的作用。MOS 管中寄生的 PN 结二极管如图 4-2 所示。

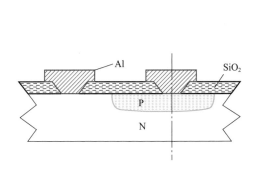
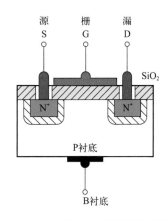

图4-1 IC工艺中PN结的截面图　　　　图4-2 MOS管中寄生的PN结二极管

在 P 型半导体和 N 型半导体结合后，由于 N 型区内自由电子为多子，空穴几乎为零——为少子，而 P 型区内空穴为多子，自由电子为少子，在它们的交界处就出现了电子和空穴的浓度差。由于自由电子和空穴的浓度差，有一些电子从 N 型区向 P 型区扩散，也有一些空穴要从 P 型区向 N 型区扩散。它们扩散的结果就使 P 区一边失去空穴，留下了带负电的杂质离子，N 区一边失去电子，留下了带正电的杂质离子。开路中半导体中的离子不能任意移动，因此不参与导电。这些不能移动的带电粒子在 P 区和 N 区交界面附近，形成了一个空间电荷区。空间电荷区的薄厚和掺杂物浓度有关。

在空间电荷区形成后，由于正负电荷之间的相互作用，在空间电荷区形成了内电场，其方向是从带正电的 N 区指向带负电的 P 区。显然，这个电场的方向与载流子扩散运动的方向相反，阻止扩散。另一方面，这个电场将使 N 区的少数载流子空穴向 P 区漂移，使 P 区的少数载流子电子向 N 区漂移，漂移运动的方向正好与扩散运动的方向相反。从 N 区漂移到 P 区的空穴补充了原来交界面上 P 区所失去的空穴，从 P 区漂移到 N 区的电子补充了原来交界面上 N 区所失去的电子，这就使空间电荷减少，内电场减弱。因此，漂移运动的结果是使空间电荷区变窄，扩散运动加强。

最后，多子的扩散和少子的漂移达到动态平衡。在 P 型半导体和 N 型半导体的结合面两侧留下离子薄层，这个离子薄层形成的空间电荷区称为 PN 结。PN 结的内电场方向由 N 区指向 P 区。在空间电荷区，由于缺少多子，所以也称耗尽层。PN 结电场示意图如图 4-3 所示。

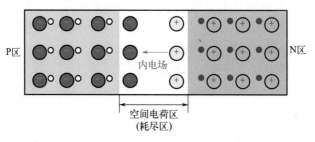

图4-3　PN结电场示意图

4.1.1　二极管设计

二极管的主要原理就是利用 PN 结的单向导电性。从 PN 结的形成原理可以看出，要想让 PN 结导通形成电流，必须消除其空间电荷区的内部电场的阻力。很显然，给它加一个反方向的更大的电场，即 P 区接外加电源的正极，N 区接负极，就可以抵消其内部自建电场，使载流子可以继续运动，从而形成线性的正向电流。而外加反向电压则相当于内建电场的阻力更大，PN 结不能导通，仅有极微弱的反向电流（由少数载流子的漂移运动形成，因少子数量有限，电流饱和）。当反向电压增大至某一数值时，因少子的数量和能量都增大，会碰撞破坏内部的共价键，使原来被束缚的电子和空穴被释放出来，不断增大电流，最终 PN 结将被击穿（变为导体）损坏，反向电流急剧增大。这就是 PN 结的特性（单向导通、反向饱和漏电或击穿导体），也是晶体管和集成电路最基础、最重要的物理原理，所有以晶体管为基础的复杂电路的分析都离不开它。

■ （1）PN结的单向导电性

当 PN 结加上外加正向电压，即正极接 P 区，负极接 N 区时，外加电场与 PN 结内电场方向相反。在这个外加电场作用下，PN 结的平衡状态被打破，P 区中的多数载流子空穴和 N 区中的多数载流子都要向 PN 结移动，当 P 区空穴进入 PN 结后，就要和原来的一部分负离子中和，使 P 区的空间电荷量减少。同样，当 N 区电子进入 PN 结时，中和了部分正离子，使 N 区的空间电荷量减少，结果使 PN 结变窄，即耗尽区由厚变薄，由于这时耗尽区中载流子增加，因而电阻减小。势垒降低使 P 区和 N 区中能越过这个势垒的多数载流子大大增加，形成扩散电流。在这种情况下，由少数载流子形成的漂移电流，其方向与扩散电流相反，和正向电流比较，其数值很小，可忽略不计。这时 PN 结内的电流由起支配地位的扩散电流所决定。在外电路上形成一个流入 P 区的电流，称为正向电流。当外加电压稍有变化，便能引起电流的显著变化，因此电流是随外加电压急速上升的。这时，正向的 PN 结表现为一个很小的电阻。

PN 结加反向电压时截止。如果电源的正极接 N 区，负极接 P 区，外加的反向电压有一部分降落在 PN 结区，PN 结处于反向偏置。则空穴和电子都向远离界面的方向运动，使空间电荷区变宽，电流不能流过，方向与 PN 结内电场方向相同，加强了内电场。内电场对多子扩散运动的阻碍增强，扩散电流大大减小。此时 PN 结区的少子在内电场作用下形成的漂移电流大于扩散电流，可忽略扩散电流，PN 结呈现高阻性。在一定的温度条件下，由本征激发决定的少子浓度是一定的，故少子形成的漂移电流是恒定的，基本上与所加反向电压的大小无关，这个电流也称为反向饱和电流。

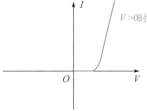

PN 结加正向电压时，呈现低电阻，具有较大的正向扩散电流；PN 结加反向电压时，呈现高电阻，具有很小的反向漂移电流。由此可以得出结论：PN 结具有单向导电性。PN 结单向导电性如图 4-4 所示。

图4-4 PN结单向导电性

根据理论分析，PN 结两端的电压 V 与流过 PN 结的电流 I 之间的关系为：

$$I = I_s \left(e^{\frac{V}{V_T}} - 1 \right) \tag{4-1}$$

式中　I_s——PN 结的反向饱和电流；

　　　V_T——热电势，温度为 300K（27℃）时，V_T 约为 26mV。

PN 结正偏时，如果 $V > V_T$ 几倍以上，上式可改写为式（4-2），即 I 随 V 按指数规律变化。

$$I \approx I_s e^{\frac{V}{26}} \tag{4-2}$$

PN 结反偏时，如果 $V > V_T$ 几倍以上，上式可改写为式（4-3），其中，负号表示为反向。

$$I \approx -I_s \tag{4-3}$$

■ （2）PN结的反向击穿特性

当加在 PN 结上的反向电压增加到一定数值时，反向电流突然急剧增大，PN 结产生电击穿，这就是 PN 结的击穿特性。发生击穿时的反偏电压称为 PN 结的反向击穿电压 V_{BR}。

① 雪崩击穿。阻挡层中的载流子漂移速度随内部电场的增强而相应加快到一定程度时，其动能足以把束缚在共价键中的价电子碰撞出来，产生自由电子 - 空穴对，新产生的载流子在强电场作用下，再去碰撞其他中性原子，又产生新的自由电子 - 空穴对，如此连锁反应，使阻挡层中的载流子数量急剧增加，像雪崩一样。雪崩击穿发生在掺杂浓度较低的 PN 结中，阻挡层宽，碰撞电离的机会较多，雪崩击穿的击穿电压高。

② 齐纳击穿。齐纳击穿通常发生在掺杂浓度很高的 PN 结内。由于掺杂浓度很高，PN 结很窄，这样即使施加较小的反向电压，结层中的电场却很强。在强电场作用下，会强行促使 PN 结内原子的价电子从共价键中拉出来，形成"电子 - 空穴对"，从而产生大量的载流子。它们在反向电压的作用下，形成很大的反向电流，出现了击穿。显然，齐纳击穿的物理本质是场致电离。

采取适当的掺杂工艺，可将硅 PN 结的雪崩击穿电压控制在 8 ～ 1000V。而齐纳击穿电压低于 5V。在 5 ～ 8V 之间时，两种击穿可能同时发生。

③ 热击穿。当 PN 结施加反向电压时，流过 PN 结的反向电流要引起热损耗。反向电压逐渐增大时，对于一定的反向电流所损耗的功率也增大，这将产生大量热量。如果没有良好的散热条件使这些热能及时传递出去，则将引起结温上升。这种由于热不稳定性引起的击穿，称为热击穿。

PN 结的电击穿是可逆击穿，及时把偏压调低，PN 结即恢复原来特性。电击穿特点可加以利用（如稳压管）。热击穿就是烧毁，是不可逆击穿，使用时尽量避免。PN 结被击穿后，PN 结上的压降高，电流大，功率大。当 PN 结上的功耗使 PN 结发热，并超过它的耗散功率时，PN 结将发生热击穿。这时 PN 结的电流和温度之间出现恶性循环，最终将导致 PN 结烧毁。

4.1.2　静态特性仿真

【例 4-1】设计一个 PN 结二极管，并验证其静态特性。

在手工分析二极管电路时，可以使用二极管的简化模型。对于导通的二极管，其电压压降范围很窄。在进行一阶分析时，可以合理地假设导通的二极管具有一个固定的电压压降，于是得到简化模型。理想二极管等效电路如图 4-5 所示。模型中用一个固定电压源来替代导通的二极管，而不导通的二极管则用开路来表示。

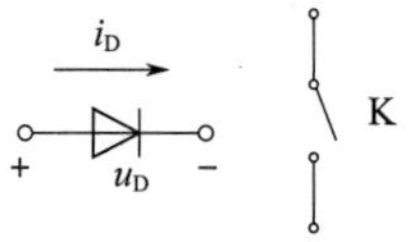

对该固定电压进行仿真。使用华大九天仿真平台搭建电路图，理想二极管导通电压仿真电路图如图 4-6 所示。

图 4-5　理想二极管等效电路图

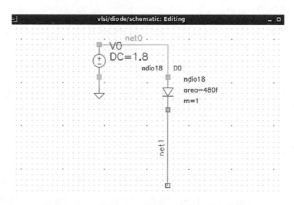

图 4-6　理想二极管导通电压仿真电路图

（说明：电路图为华大九天仿真软件直接截图，图中的器件是直接调用公司提供的模型库，符号为模型库预定符号）

启动 MDE 仿真，在 Model File 窗口，鼠标右击调入模型库。在 Analysis 窗口鼠标右击，选择 Add Analysis，添加 TRAN 仿真。在 Outputs 窗口鼠标右击，添加仿真信号。理想二极管导通电压仿真设置图如图 4-7 所示。

点击 Netlist And Run 按钮，观测输出波形，理想二极管导通电压仿真波形图如图 4-8 所示。由图可知，该二极管正负极间的压降为固定值。

二极管电流最重要的特性是它与所加偏置电压之间存在指数关系。二极管电流仿真电路图如图 4-9 所示。

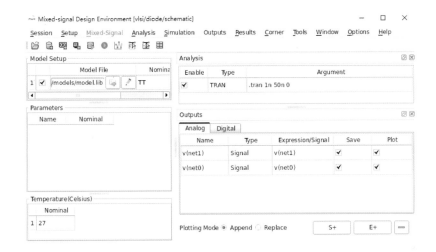

图4-7 理想二极管导通电压仿真设置图

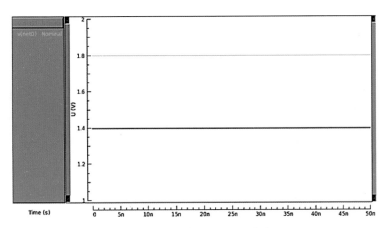

图4-8 理想二极管导通电压仿真波形图

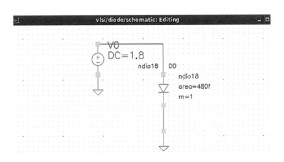

图4-9 二极管电流仿真电路图

对该电路图进行直流扫描分析，在 Analysis 窗口鼠标右击，添加 DC 仿真。二极管电流仿真设置如图 4-10 所示，仿真波形图如图 4-11 所示。从仿真图中可以看出二极管电流和正偏电压之间的指数关系。二极管在正偏置情况下的特性可以通过理想二极管的式（4-1）得到很好的描述。该公式说明了通过二极管的电流与二极管偏置电压之间的指数关系，与仿真波形图显示结果吻合。公式中的 I_s 是一个常数值，与二极管的面积成正比，并且与掺杂水平和中性区的宽度有关。在大多数情况下，I_s 是根据经验确定的。

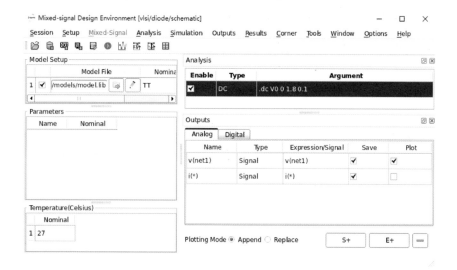

图4-10　二极管电流仿真设置图

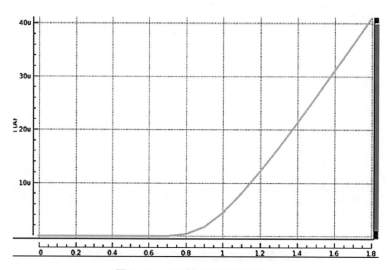

图4-11　二极管电流仿真波形图

4.1.3　动态特性

在数字电路中瞬态或动态响应决定了器件可以工作的最大速度。由于二极管的工作模式与在中性区和空间电荷区存在电荷数量有关，因此它的动态特性在很大程度上取决于这些电荷能够移动得有多快。二极管PN结内缺少导电的载流子，其电导率很低，相当于介质。而PN结两侧的P区、N区的电导率高，相当于金属导体。从这一结构来看，PN结等效于一个电容器。事实上，当PN结两端加正向电压时，PN结变窄，结中空间电荷量减少，相当于电容"放电"，当PN结两端加反向电压时，PN结变宽，结中空间电荷量增多，相当于电容"充电"。

■ （1）势垒电容

PN结空间电荷区宽度随外加偏压变化，即空间电荷区内正负空间电荷量随外加偏压的变化而变化。当正向偏压上升时，空间电荷区变薄，需电子从 N 区流入空间电荷区补偿离化的固定施主正电荷，空穴从 P 区流入补偿离化的固定受主负电荷。当正向电压下降时，空间电荷区展宽，空间电荷区边界外侧 P 区和 N 区分别释放出空穴和电子，使正负空间区展宽，电荷量增加。正负空间电荷量随外加偏压变化，体现为电容效应，称为 PN 结势垒电容。PN 结单位面积势垒电容用 C_T 表示。在反偏情况下，采用耗尽近似，可以得到突变结和线性缓变结的势垒电容，分别如式（4-4）和式（4-5）所示。

$$C_T = \sqrt{\frac{\varepsilon_s \varepsilon_0 q N_A N_D}{2(N_A + N_D)(V_D - V)}} \tag{4-4}$$

$$C_T = \sqrt[3]{\frac{q a \varepsilon_s^2 \varepsilon_0^2}{12(V_D - V)}} \tag{4-5}$$

式中　C_T——单位结面积的势垒电容；

　　　　N_A——突变结一侧受主杂质浓度；

　　　　N_D——突变结一侧施主杂质浓度；

　　　　a——线性缓变结杂质浓度梯度；

　　　　V_D——自建电势；

　　　　V——外加负偏压；

　　　　q——电子电量；

　ε_s，ε_0——半导体介电常数和真空介电常数。

在 PN 结正偏情况下，势垒区很窄，势垒电容比反偏时大。但有大量载流子流过势垒区，耗尽近似不再成立，因此上述公式不适用于计算正偏时的势垒电容。一般近似认为正向偏压时的势垒电容为零偏压时势垒电容的 4 倍。

■ （2）扩散电容

PN 结扩散区积累的非平衡少子随外加偏置电压的变化而变化，载流子带有电荷，因而这种现象体现为电容效应。当正向偏压提高时，空间电荷区边界非平衡少数载流子浓度提高，扩散区积累的非平衡少子电荷量增加，相当于电容充电。反之，积累的少子电荷量减少，相当于电容放电。该电容发生在扩散区，称为扩散电容，用 C_D 表示。同理，反偏 PN 结也存在扩散电容。在低频时，突变结的扩散电容如式（4-6）所示。

$$C_D = \frac{q^2 \left(n_p^0 L_n + p_n^0 L_p \right)}{kT} e^{\frac{qV}{kT}} \tag{4-6}$$

式中　k——热导率；

　　　n_p^0——PN 结 P 区一侧电子平衡态浓度；

　　　L_n——PN 结 P 区一侧电子扩散长度；

　　　p_n^0——P 区一侧空穴平衡态浓度；

　　　L_p——P 区一侧空穴扩散长度。

由于扩散电容随正向偏压 V 按指数关系增加，所以在大的正向偏压时，扩散电容便起主要作用。

MOS 是 MOSFET 的简写，即金属氧化物半导体场效应晶体管（metal-oxide-semiconductor field effect transistor），简称金氧半场效晶体管。场效应管分为 PMOS（P 沟道型）管和 NMOS（N 沟道型）管，属于绝缘栅场效应管，由多数载流子参与导电，也称为单极型晶体管。它属于电压控制型半导体器件，现已成为双极型晶体管和功率晶体管的强大竞争者。MOS 管电路符号如图 4-12 所示。

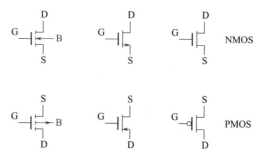

图4-12　MOS管电路符号

与双极型晶体管相比，场效应管具有如下特点。

① 场效应管是电压控制器件，它通过 V_{GS}（栅 - 源电压）来控制 I_D（漏极电流）；

② 场效应管的控制输入端电流极小，因此它的输入阻抗高（$10^7 \sim 10^{12}\Omega$）；

③ 它是利用多数载流子导电，因此它的温度稳定性较好；

④ 它组成的放大电路的电压放大系数要小于三极管组成放大电路的电压放大系数；

⑤ 场效应管的抗辐射能力强；

⑥ 由于它不存在杂乱运动的电子扩散引起的散粒噪声，所以噪声低；

⑦ 没有少子存储效应，开关速度快；

⑧ 功耗低。

场效应管是电压控制元件，而晶体管是电流控制元件。在只允许从信号源获取较少电流的情况下，应选用场效应管；而在信号电压较低，又允许从信号源获取较多电流的条件下，应选用晶体管。场效应管是利用多数载流子导电，所以称之为单极型器件，而晶体管既有多数载流子，也利用少数载流子导电，被称为双极型器件。有些场效应管的源极和漏极可以互换使用，栅压也可正可负，灵活性比三极管好。场效应管能在很小电流和很低电压的条件下工作，而且它的制造工艺可以很方便地把很多场效应管集成在一块硅片上，因此场效应管在大规模集成电路中得到了广泛的应用。

4.2.1 MOS晶体管设计

MOS 管按沟道导电型分为 N 型 MOS 管和 P 型 MOS 管两种，简称 NMOS 和 PMOS。PMOS 管在 N 型硅衬底上有两个 P⁺ 区——源极和漏极，它们之间不通导，源极上加有足够的正电压（栅极接地）时，栅极下的 N 型硅表面呈现 P 型反型层，成为连接源极和漏极的沟道。NMOS 在一块掺杂浓度较低的 P 型硅衬底上，有两个高掺杂浓度的 N⁺ 区，并且由金属铝引出两个电极，分别是漏极 D 和源极 S，在漏 - 源极间的绝缘层上有一个铝电极（通常是多晶硅），是栅极 G，在衬底上有一个电极 B。PMOS 管和 NMOS 管剖面图如图 4-13 所示。本节以 NMOS 为例介绍其工作原理及特性。

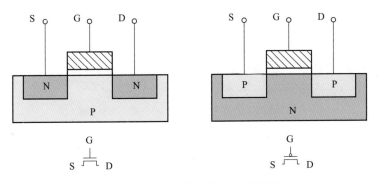

图4-13　PMOS管和NMOS管剖面图

■ （1）截止区

MOS 管的漏极 D 和源极 S 之间有两个背靠背的 PN 结，剖面图如图 4-14 所示。当 $V_{GS}=0$ 时，即使加上漏 - 源电压 V_{DS}，而且不论 V_{DS} 的极性如何，总有一个 PN 结处于反偏状态，漏 - 源极间没有导电沟道，所以这时漏极电流 $I_D \approx 0$。若 $V_{GS} > 0$，则栅极和衬底之间的 SiO_2 绝缘层中便产生一个电场。电场方向垂直于半导体表面的由栅极指向衬底的电场。这个电场能排斥空穴而吸引电子。当 V_{GS} 数值较小，吸引电子的能力不强时，漏 - 源极之间仍无导电沟道出现，此时仍处于截止区。

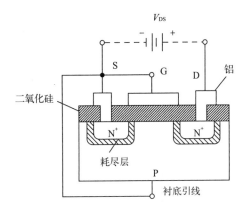

图4-14　NMOS管截止区剖面图

■ （2）线性区

V_{GS} 增加时，吸引到栅下 P 衬底表面层的电子就增多，当 V_{GS} 达到某一数值时，这些电子在栅极附近的 P 衬底表面便形成一个 N 型薄层，其导电类型与 P 衬底相反，故又称为反型层。其与两个 N^+ 区相连通，在漏 - 源极间形成 N 型导电沟道。开始形成沟道时的栅 - 源极电压称为开启电压，用 V_T 表示。沟道形成以后，在漏 - 源极间加上正向电压 V_{DS}，就有漏极电流产生。V_{GS} 越大，作用于半导体表面的电场就越强，吸引到 P 衬底表面的电子就越多，导电沟道越厚，沟道电阻越小。线性区剖面图如图 4-15 所示。漏极电流 I_D 沿沟道产生的电压降使沟道内各点与栅极间的电压不再相等，靠近源极端的电压最大，这里沟道最厚，而漏极端电压最小，其值为 $V_{GD}=V_{GS}-V_{DS}$，因而这里沟道最薄。

■ （3）饱和区

随着 V_{DS} 的增大，靠近漏极的沟道越来越薄，当 V_{DS} 增加到使 $V_{GD}=V_{GS}-V_{DS}=V_T$（或 $V_{DS}=V_{GS}-V_T$）时，沟道在漏极一端出现预夹断。再继续增大 V_{DS}，夹断点将向源极方向移动。由于 V_{DS} 的增加部分几乎全部降落在夹断区，故 I_D 几乎不随 V_{DS} 增大而增加，管子进入饱和区，

I_D 几乎仅由 V_{GS} 决定。饱和区剖面图如图 4-16 所示。

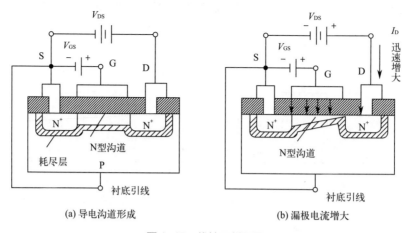

(a) 导电沟道形成　　　　　　　　(b) 漏极电流增大

图 4-15　线性区剖面图

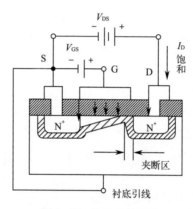

图 4-16　饱和区剖面图

4.2.2　静态特性仿真

【例 4-2】验证 NMOS 的输出特性、输入特性及衬底偏置效应对其特性的影响。

基于华大九天平台搭建 NMOS 管电路结构及其仿真环境。NMOS 管电路结构如图 4-17 所示。仿真环境如图 4-18 所示。

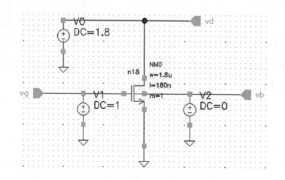

图 4-17　NMOS 管电路结构

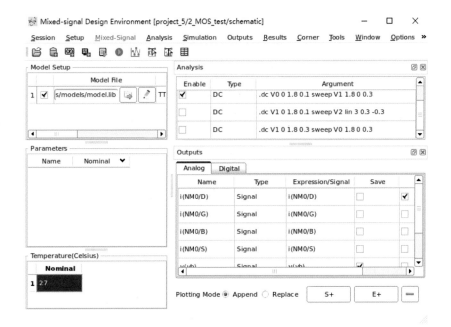

图4-18 仿真环境设置图

■ （1）NMOS管的输出特性、输入特性仿真：*I-V*特性

首先，推导 NMOS 管 *I-V* 特性。为了便于分析，首先做如下假设：

① 源接触电极与沟道源端之间、漏接触电极与沟道漏端之间的压降可忽略不计；

② 沟道电流为漂移电流；

③ 反型层中电子迁移率 μ_n 为常数；

④ 沟道与衬底 PN 结反向截止电流为零；

⑤ 沟道中任意一点 y 处的横向电场 E_y 远小于该处的纵向电场 E_x（$E_y \ll E_x$），即满足缓变沟道近似。

根据以上假设，在强反型的情况下，离开源端 y 处，在半导体表面产生的单位面积上总电荷 $Q_S(y)$ 应包含反型层电荷 $Q_n(y)$ 及耗尽层电荷 $Q_B(y)$ 两部分，如式（4-7）所示。

$$Q_S(y)=Q_n(y)+Q_B(y) \tag{4-7}$$

显然，它们都是位置 y 的函数。设在栅 - 源电压作用下，沟道中任一点 (x, y) 所形成的电子电荷密度为 $q_n(x, y)$，沟道载流子的迁移率为 μ_n，沟道横向电场为 $E_y = -\dfrac{\mathrm{d}V(y)}{\mathrm{d}y}$，则由此产生的沟道漂移电流密度如式（4-8）所示。

$$J_n\left(x,y\right)=-q_n\left(x,y\right)\mu_n\frac{\mathrm{d}V\left(y\right)}{\mathrm{d}y} \tag{4-8}$$

将上式在整个沟道横截面积上进行积分，并设沟道宽度为 W，反型层厚度为 x_c，则如式（4-9）所示。

$$I_y=\int_0^W\int_0^{x_c}q_n\left(x,y\right)\mu_n\frac{\mathrm{d}V\left(y\right)}{\mathrm{d}y}\mathrm{d}x\mathrm{d}z \tag{4-9}$$

令 $Q_\mathrm{n}(y)=\int_0^{x_c}q_\mathrm{n}(x,y)\mathrm{d}x$，从而得到沟道载流子漂移电流如式（4-10）所示。

$$I_y=WQ_\mathrm{n}(y)\mu_\mathrm{n}\frac{\mathrm{d}V(y)}{\mathrm{d}y} \tag{4-10}$$

式中　$Q_\mathrm{n}(y)$——反型沟道中导电电荷密度。

由式（4-7），当半导体表面出现强反型时，$Q_\mathrm{S}(y)$ 应由氧化层上的压降 $V_\mathrm{ox}(y)$ 和 C_ox 的乘积决定，即 $Q_\mathrm{S}(y)=-V_\mathrm{ox}C_\mathrm{ox}$。当 MOS 管强反型时，栅压 $V_\mathrm{GS}=V_\mathrm{ox}+V_\mathrm{s}+V_\mathrm{FB}$。其中，$V_\mathrm{s}$ 等于表面势，V_FB 为平带电压。那么：

$$\begin{aligned}Q_\mathrm{n}(y)&=Q_\mathrm{S}(y)-Q_\mathrm{B}(y)-V_\mathrm{ox}C_\mathrm{ox}-Q_\mathrm{B}(y)\\&=-C_\mathrm{ox}\left[V_\mathrm{GS}-V_\mathrm{T}-V(y)\right]\end{aligned} \tag{4-11}$$

将式（4-11）代入式（4-10）即可得到沟道 y 方向电流表达式。因为 NMOS 中沟道电流方向与 y 方向相反，所以漏电流如式（4-12）所示。

$$I_\mathrm{D}=-I_y=W\mu_\mathrm{n}C_\mathrm{ox}\left[V_\mathrm{GS}-V_\mathrm{T}-V(y)\right]\frac{\mathrm{d}V(y)}{\mathrm{d}y} \tag{4-12}$$

将上式在整个沟道内进行积分，即可得到 MOS 管三个不同工作区域的 I-V 特性方程。

① 截止区：条件 $V_\mathrm{GS}<V_\mathrm{T}$，漏电流公式如式（4-13）所示。

$$I_\mathrm{D}=0 \tag{4-13}$$

② 线性区：条件 $V_\mathrm{GS}\geqslant V_\mathrm{T}$，$V_\mathrm{DS}<V_\mathrm{GS}-V_\mathrm{T}$，漏电流公式如式（4-14）所示。

$$I_\mathrm{D}=\mu_\mathrm{n}C_\mathrm{ox}\frac{W}{L}\left[(V_\mathrm{GS}-V_\mathrm{T})V_\mathrm{DS}-\frac{1}{2}V_\mathrm{DS}^2\right] \tag{4-14}$$

式中　L——导电沟道长度。

③ 饱和区：条件 $V_\mathrm{GS}\geqslant V_\mathrm{T}$，$V_\mathrm{DS}\geqslant V_\mathrm{GS}-V_\mathrm{T}$，漏电流公式如式（4-15）所示。

$$I_\mathrm{D}=\frac{1}{2}\mu_\mathrm{n}C_\mathrm{ox}\frac{W}{L}(V_\mathrm{GS}-V_\mathrm{T})^2 \tag{4-15}$$

对电路进行直流扫描分析，可得 NMOS 的 I-V 特性曲线如图4-19所示。

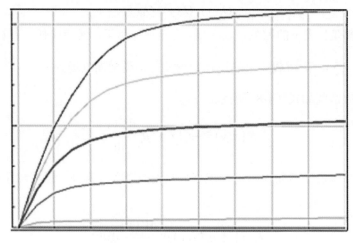

图4-19　NMOS的 I-V 特性曲线

■ （2）衬底偏置效应对其特性的影响

MOS 管的工作是通过在半导体表面产生导电沟道（表面反型层）来进行的，因此器件中存在一个由栅极电压所诱生出来的 PN 结——场感应结。一旦出现了沟道，则沟道内的耗尽层厚度即达到最大，并保持不再变化。对于 MOS 集成电路而言，在电路工作时，各个 MOS 管的衬底电位是时刻变化着的，如果对器件衬底的电位不加以控制的话，那么就有可能出现场感应结以及源衬结正偏的现象。一旦发生这种现象，器件和电路即失效。所以，对于集成电路中的 MOS 管，需要在衬底与源区之间加上一个适当高的反向电压——衬偏电压，以保证器件始终能够正常工作。简而言之，衬偏电压就是为了防止 MOS 的场感应结以及源结和漏结发生正偏而加在源衬之间的反向电压。由于加上了衬偏电压，将引起若干影响器件性能的现象和问题，这就是衬偏效应（衬偏调制效应），又称为 MOS 管的体效应。体效应及其输入特性如图 4-20 所示。

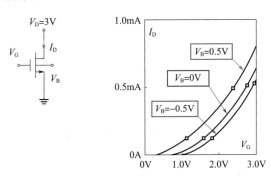

图4-20　体效应及其输入特性

衬偏效应对器件的影响主要包括如下几个方面。

① MOS 管在出现沟道以后，虽然沟道下面的耗尽层厚度达到了最大（这时，栅极电压即使再增大，耗尽层厚度也不会再增大），但是，衬偏电压是直接加在源衬之间的反向电压，它可以使场感应结的耗尽层厚度进一步展宽，并引起其中的空间电荷面密度增加，从而导致器件的阈值电压升高。而阈值电压的升高又将进一步影响到器件的电流及其整个性能，例如栅极跨导降低等。衬底掺杂浓度越高，衬偏电压所引起的空间电荷面密度的增加就越多，则衬偏效应越显著。

② 由于衬偏电压将使场感应结的耗尽层厚度展宽、空间电荷面密度增加，所以，当栅极电压不变时，衬偏电压就会使沟道中的载流子面电荷密度减小，从而就使得沟道电阻增大，并导致电流减小、跨导降低。

③ 当 MOS 管在动态工作时，源极电位是在不断变化着的，则加在源衬之间的衬偏电压也将相应地随之不断变化，这就产生所谓的背栅调制作用。

④ 由于衬偏电压会引起背栅调制作用，使得沟道中的面电荷密度随着源极电位而产生变化，即产生了一种电容效应，这个电容效应就称为衬偏电容。衬偏电容的出现将明显地影响器件的开关速度。

⑤ 由于 MOS 管在加有衬偏电压时，即将增加一种背栅调制作用，从而额外产生一个与此背栅调制所对应的交流电阻。于是将使得器件的总输出电阻降低，并导致电压增益下降。所以，减小衬偏效应有利于提高电压增益。

衬偏效应仿真图如图 4-21 所示。

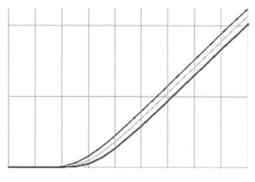

图4-21　衬偏效应仿真图

衬偏效应通常是我们不希望有的，因为这会使集成电路的设计复杂化，但是个别情况下，我们也会利用衬偏效应设计特殊电路。减弱或消除衬偏效应的措施包括：

① 把衬底和源极短接起来，可以消除衬偏效应的影响，但是这需要电路和器件结构以及制造工艺的支持，并不是在任何情况下都能够做到的。

② 改进电路结构来减弱衬偏效应。例如，对于 CMOS 中的负载管，若采用有源负载来代替，即可降低衬偏调制效应的影响。

4.2.3　动态特性

一个 MOS 管的动态特性只取决于充放电其本征寄生电容和由互连线及负载引起的额外电容所需要的时间。本征寄生电容有三个来源：基本的 MOS 结构、沟道电荷以及源漏反偏 PN 结的耗尽区。除了 MOS 结构电容外，其他两个电容都是非线性的，并且随所加电压的变化而变化。MOS 管本征寄生电容示意图如图 4-22 所示。

MOS 晶体管的栅是由栅氧与导电沟道相隔离的，使栅氧每单位面积的电容 C_{ox} 尽可能大或保持氧化层厚度非常薄是很有用的。这个电容的总值称为栅电容 C_G，它可以分为两部分，各自具有不同的特性。显然 C_G 的一部分会影响沟道电荷，而另一部分完全来自于晶体管的拓扑结构。

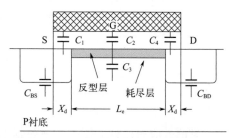

图4-22　MOS管本征寄生电容示意图

L_e—导电沟道有效长度

■ （1）覆盖电容

图 4-22 中 C_1、C_4 为 MOS 管覆盖电容。理想情况下，源漏扩散应当恰好终止在栅氧的边上。但在现实工艺中，无论是源还是漏都会在氧化层下延展一个深度 X_d，这称为横向扩散。因此晶体管的有效沟道长度比画出的沟长要短 $2X_d$。这也引起了在栅和源（漏）之间的寄生电容，称为覆盖电容。这个电容是线性的，并具有固定值。

■ （2）沟道电容

栅至沟道的电容 C_{GC} 也许是最重要的 MOS 寄生电路部分，如图 4-22 中 C_2 所示，它的大小以及它在 C_{GCS}、C_{GCD} 和 C_{GCB} 这三部分之间的划分取决于工作区域和端口电压。当晶体管处于截止区时，没有任何沟道存在，所以总电容 C_{GC} 出现在栅和衬底之间。在电阻区形成了一个反型层，它的作用像源漏之间的一个导体。结果 C_{GCB}=0，因为衬底电极与栅之间被沟道所屏蔽。对称性使这一电容在源漏之间平均分布。最后，在饱和模式下，沟道被夹断。栅与漏之间的电容近似为 0，而且栅至衬底电容也为 0，因此所有的电容是在栅与源之间。

MOS 管一旦导通，沟道电容的分布取决于其饱和程度。随着饱和程度的增加，C_{GCD} 逐渐下降至 0，这也意味着随着饱和程度的增加，总的沟道电容逐渐变小。

■（3）结电容

最后一部分电容是由反向偏置的源 - 衬和漏 - 衬之间的 PN 结引起的，如图 4-23 中 C_{BS}、C_{BD} 所示。耗尽区电容是非线性的，当反向偏置提高时会减小。以源区为例，PN 结由以下两部分构成。

① 底板：由源区和衬底形成的。这部分总的耗尽区电容为 $C_j W L_e$，这里的 C_j 是每个单位面积的结电容。

② 侧壁：由源区及沟道阻挡层注入形成的。阻挡层的掺杂浓度通常大于衬底的掺杂，于是形成了每单位面积较大的电容。侧壁结一般都是缓变的。

4.3 闪锁效应

闪锁效应（latch-up）是 CMOS 集成电路中一个重要的问题，是 CMOS 工艺所特有的寄生效应，这种问题会导致芯片功能的混乱或者电路直接无法工作甚至烧毁。闪锁效应是由 NMOS 的有源区、P 衬底、N 阱、PMOS 的有源区构成的 N-P-N-P 结构产生的，当其中一个三极管正偏时，就会构成正反馈，形成闪锁。避免闪锁的方法就是要减小衬底和 N 阱的寄生电阻，使寄生的三极管不会处于正偏状态。静电是一种看不见的破坏力，会对电子元器件产生影响。ESD（静电放电）和相关的电压瞬变都会引起闪锁效应，是半导体器件失效的一些主要原因。如果有一个强电场施加在器件结构中的氧化物薄膜上，则该氧化物薄膜就会因介质击穿而损坏。很细的金属化迹线会由于大电流而损坏，并会由于浪涌电流造成的过热而形成开路，这就是所谓的"闪锁效应"，如图 4-23 所示。在闪锁情况下，器件在电源与地之间形成短路，造成大电流、EOS（电过载）和器件损坏。

MOS 工艺含有许多内在的双极型晶体管。在 CMOS 工艺下，阱与衬底结合会导致寄生的 N-P-N-P 结构。如图 4-23 所示的 NMOS 和 PMOS 器件会寄生出 Q1 管和 Q2 管，从图中可以看出，每个双极型晶体管的基区必然与另一个晶体管的集电区相连接，而且由于 N 阱和 P 衬底均有一定的电阻，所以 Q1 和 Q2 会形成一个正反馈环路，等效电路图如图 4-24 所示。

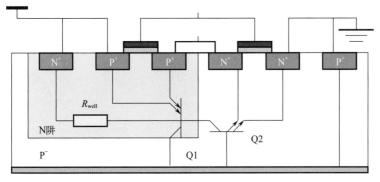

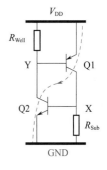

图4-23 CMOS的闪锁效应 　　　　图4-24 闪锁效应等效电路图

实际上，如果有电流注入节点 X 使 V_x 上升，则 Q2 的 I_{c2} 增大，那么 $V_y = V_{DD} - R_{well} I_{c2}$ 会减小，V_y 减小会导致 I_{c1} 增大，进而导致 V_x 进一步上升。如果环路增益 ≥ 1，这种现象会持续下去，直至两个晶体管都完全导通，从 V_{DD} 抽取很大的电流。此时称该电路被闩锁。

触发闩锁效应的起始电流可以由集成电路中的各种原因产生，例如当漏端的一个大电压摆动，会通过容性耦合向 N 阱或衬底注入相当大的位移电流，从而引发闩锁效应。

闩锁效应通常发生在大尺寸的输出反相器的情况下，因为在这种情况下，这种电路容易通过晶体管较大的漏结电容向衬底注入大电流；另外一种情况，是由于在与地相连的键合线上产生相当大的瞬态电压，通过正偏源衬二极管向衬底注入大电流。

所以闩锁效应是 CMOS 工艺所特有的寄生效应，是指在 CMOS 电路中，电源 V_{DD} 和地 GND 之间由于寄生的 NPN 和 PNP 双极晶体管（BJT）的相互影响而产生一个低阻通路，低阻通路会在电源和地之间形成大电流，可能会使芯片永久性损坏。

闩锁效应解决方案可以考虑以下几点。

① 在输入端和输出端加钳位电路，使输入和输出不超过规定电压。

② 芯片的电源输入端加去耦电路，防止 V_{DD} 端出现瞬间的高压。

③ 在 V_{DD} 和外电源之间加限流电阻，即使有大的电流也不让它进去。

④ 当系统由几个电源分别供电时，开关要按下列顺序：开启时，先开启 CMOS 电路的电源，再开启输入信号和负载的电源；关闭时，先关闭输入信号和负载的电源，再关闭 CMOS 电路的电源。

习题

一、判断题

1. 零偏置条件下 PN 结两端不存在电势差。 （   ）

2. MOSFET 是一个三端器件。 （   ）

二、名词解释

1. 场效应晶体管

2. 闩锁效应

三、简答题

1. 场效应晶体管与双极型晶体管相比有哪些优点？

2. 说明 MOS 晶体管的工作原理。

3. 写出 NMOS 晶体管的电流 - 电压方程。

4. 画出 NMOS 管的输出特性曲线。

5. 简述什么是 MOS 晶体管的阈值电压，其值受什么因素影响？

6. 请写出用于手工分析的通用 MOS 模型，并画出其定义的各工作区的边界。

7. 简述 MOS 晶体管的寄生电容由哪些部分组成。

8. 简述闩锁效应的解决方案。

第 **5** 章

互连设计实例

▶▶ 思维导图

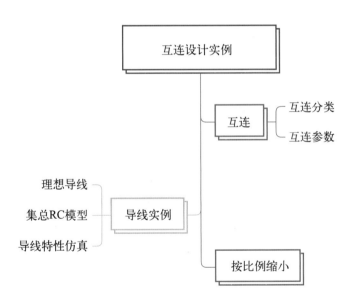

从广义上讲，连线也是一种"元件"。但在集成电路发展的很长一段时间中，芯片上的连线并不被重视，只在特殊情况下才进行考虑。随着特征尺寸的不断缩小，由互连引起的寄生效应越来越得到人们的重视。事实上，这些寄生效应已经在数字电路特性指标的影响因素中占据主要地位，而且随着尺寸的进一步缩小，这种情况将更加普遍。本章对互连的寄生参数进行分析，搭建互连线的电路模型，仿真分析其对电路的影响。

集成电路的互连线引发了电容、电阻、电感等寄生效应，对电路特性有诸多方面的影响：

① 它们都会使传播延时增加，或者说相应性能的下降。

② 它们都会影响能耗和功率的分布。

③ 它们都会引起额外的噪声来源，从而影响电路的可靠性。

因此，设计者对互连线的寄生效应、相对重要性及计算模型应有清晰理解。在进行电路计算机辅助设计时，应当相应地引入连线电阻元件，并根据具体情况，考虑其寄生电容的影响。

5.1.1 互连分类

集成电路的互连有金属互连、扩散互连和多晶硅互连等，根据电路的要求，在不同的地方采用不同的互连线。

■ （1）金属互连

主要用于传输大电流密度的地方。由于铝具有导电性能好、与硅和 SiO_2 黏附性好、能与硅形成良好的欧姆接触、易于加工、合金温度低等优点，所以一般集成电路都选用铝做互连线。在设计互连线的铝图形时，除了考虑连通电路和设计规则规定的最小尺寸（包括最小铝线宽度和铝线间距，与孔的最小覆盖等）限制外，还应注意以下几个问题。

① 长引线的电阻。在一般情况下铝线的电阻是很小的，但当铝薄膜太薄或铝线太长、宽度太窄时，铝线的电阻不可忽视。在设计铝线的厚度和宽度时，还应考虑铝薄膜在 SiO_2 层台阶处会变薄，在后续工艺步骤中可能划伤，所以只要电路性能允许，总是取较大的宽度。铝膜的厚度也要严格控制，铝膜太厚，在光刻时侧向腐蚀严重，导致铝线宽度减少过多。

② 大电流密度的限制。电流太大会引起铝膜结球，即使电流不太大，长时间较大电流通过铝线，会产生铝的"电迁移"现象，即铝离子从负极向正电极方向移动。结果在铝线一端产生小丘，另一端则产生空洞，严重时甚至断路，如图5-1所示。因而在设计流经大电流的地线和电源线时，一定要保证铝线有足够的宽度。用合金代替纯铝做互连线，可以改善电迁移现象。增大铝晶粒的颗粒，或在铝膜上覆盖一层玻璃钝化层，可使铝膜的寿命延长。

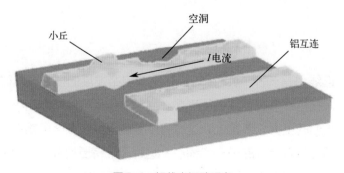

图5-1 铝线电迁移现象

③ 硅 - 铝互熔。在高温下，铝和硅会形成共熔体，而使很薄的双极晶体管的发射区扩散层和 MOS 管的源、漏扩散层变得更薄。另一方面，共熔体扩散出的硅原子会向附近的纯铝中扩散，所以在小接触孔附近有大块铝线的情况下，虽然合金温度不太高，也会从接触孔边缘开始把 PN 结熔穿。所以对于浅结、小接触孔、大而厚的铝线，要特别注意选择适当的合金温度和时间。另外一个解决办法是在铝中掺硅，对于结深小的器件，应采用含硅的合金作为互连材料，以减少"吃硅"现象，且合金的硬度比纯铝高，可减少损伤。但硅的含量不能太高，当硅的含量超过一定值之后，在加温的过程中，硅可能在界面析出，使接触电阻增加，甚至发生脱键现象。

■ （2）扩散互连

在双极集成电路中，因为基区扩散层的薄层电阻较大，一般不用基区扩散层做互连线。而在 MOS 集成电路中，源、漏扩散区的薄层电阻较小，有时可用这层扩散层做互连线。一般可将相应的 MOS 管的源区或者漏区进行延伸而成，但这会增加 PN 结的结电容，所以不可轻易采用。

■ （3）多晶硅互连

MOS 集成电路多采用多晶硅栅工艺。这层多晶硅同时可用作传输小电流的互连线。在 MOS 集成电路中，从前级输出到下级输入栅之间的互连线，一般只流过瞬态电流，用多晶硅做该互连线是很合适的，如图 5-2 所示。但当器件尺寸进一步缩小时多晶硅互连线电阻太大，此时可用金属硅化物做互连线。

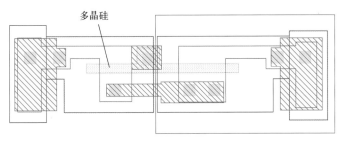

图5-2　多晶硅互连

5.1.2　互连参数

每条导线是由一系列具有不同长度和几何尺寸的导线构成的。假设所有的导线段都在同一互连层上实现，并通过一层绝缘材料与硅衬底隔离，并使相互间隔离。集成电路的互连线引发了电容、电阻、电感等寄生效应。注意这些附加的电路元件并不处在实际的单个点上，而是分布在导线的整个长度上。在导线长度比它的宽度明显大时必然如此。此外还存在导线相互间的寄生参数，它们在不同的总线信号间引起耦合效应，而这些效应在原先的电路图中是假定不存在的。分析这一小部分的线路也会很慢、很麻烦，常常可以进行相当多的简化。

① 如果导线的电阻很大——例如截面很小的长铝导线的情形，或者外加信号的上升和下降时间很慢，可忽略电感影响。

② 当导线很短，导线的截面很大，或者所采用的互连材料电阻率很低时，就可以采用

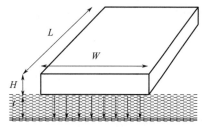
图5-3 互连线的平行板电容模型

只含电容的模型。

③ 最后，当相邻导线间的间距很大，或者当导线只在一段很短的距离上靠近在一起的时候，导线相互间的电容可忽略，并且所有寄生电容都可模拟成接地电容。

在三类寄生元件中，对电路性能影响最大的是寄生电容。当导线为一条简单的矩形导线放在半导体衬底之上时，如图5-3所示，若这条导线的宽度明显大于绝缘材料的厚度，那么就可以假设电场线垂直于电容极板，并且它的电容可以用平行板电容模型（也称为平面电容）来模拟。在这些情况下该导线的总电容可以近似为式（5-1）。

$$C = \frac{\varepsilon}{t} WL \qquad (5\text{-}1)$$

式中　W——导线的宽度；

L——导线的长度；

t——绝缘层的厚度；

ε——绝缘层的介电常数。

由式（5-1）得到的重要信息是电容正比于两个导体之间相互重叠的面积，而反比于它们之间的间距。为了在减小工艺尺寸的同时使导线的电阻最小，希望能保持导线的截面（WH）尽可能地大。反之，较小的 W 值可得到较密集的布线，因而比较节省电路的面积。

当互连层的数目限制在1或2层时，它通常是半导体互连的良好模型。而今的工艺已提供了更多的互连层，并且它们也布置得相当密集。在这种情况下，认为一条导线完全与它周围的结构隔离，因而只与地之间存在电容耦合的假设已不再成立。图5-4中显示了处于多层互连结构中的一条导线的各部分电容。每条导线并不只是与接地的衬底耦合，而且也与处在同一层及处在相邻层上的邻近导线耦合。就一阶近似而言，这不会使连至一个给定导线的总电容发生变化。但主要的差别是它的各部分电容并不都终止在接地衬底上——它们中的大多数连到电平在动态变化的其他导线上。

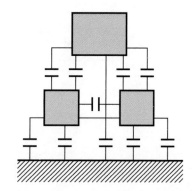
图5-4 多层互连结构中导线间的寄生电容

由图5-4可以看到寄生电容无处不在，在多层互连结构中，导线间的电容已成为主要因素。这一效应对于在较高互连层中的导线尤为显著，因为这些导线离衬底更远。随着特征尺寸的缩小，导线间电容在总电容中所占比例增加。不过需要了解的是即使寄生电容很多，但是如果电路设计对电容不十分敏感，完全可以忽略它们。但当电路的设计要求芯片速度很快的时候，或者频率很高时，这些寄生的电容就显得格外重要了。减少寄生电容可以从以下几个方面入手。

① 导线长度。如果某个区域的寄生参数要小，最直接有效的方法就是尽量减小导线长度，因为导线长度小的话，与它相互作用而产生的电容（例如金属或者衬底层的电容）就会相应地减小。

② 金属层的选择。起主要作用的电容通常是导线与衬底之间的电容，衬底电容对芯片的影响如图5-5所示。导线1和导线2都对地产生了一个衬底电容，衬底本身又有一个寄生

电阻，这样一来，导线 1 的噪声就通过衬底耦合到导线 2 上面，这是我们不希望看到的。

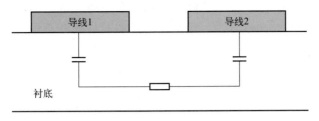

图5-5　衬底电容产生的噪声影响

因此可以改变金属层，通常情况下，最高金属层所形成的电容总是最小的。电容大小与平板的间距成反比，一点距离的变化就能引起很大的差别。另外值得注意的是，并不是所有工艺的最高层金属与衬底产生的寄生电容都最小，它还与金属层的宽度等其他因素有关，一定要通过具体的计算来确认。

③ 金属叠加。在某些电路的上面布金属线，这是在数字自动布局布线中经常会遇到的情况。各层金属相互交叠，所以在反相器、触发器等电路中都存在寄生电容。如果不加以干预，只是由布线器来操作的话，就有可能毁了芯片。在模拟电路版图设计中，我们经常会人为地将敏感信号隔离开来，尽量避免在敏感电路上面走线，而只是将金属线走在电路之间，这样寄生的参数就小一些，且相对容易控制。

互连线的寄生电阻是另外一个需要重视的寄生元件。集成电路的最常用互连材料是铝，因为成本较低并且与标准的集成电路制造工艺相兼容。可惜与铜相比，铝的电阻率较大。随着对性能要求的提高，先进的工艺越来越多地选择铜作为互连线。

一条导线的电阻正比于长度 L 而反比于截面积，如式（5-2）所示。式中，ρ 为材料的电阻率，表 5-1 列出了一些常用导电材料的电阻率。对于给定的工艺，H 是一个常数，将式（5-2）中的 ρ/H 视为材料的薄层电阻，这表明一个方块导体的电阻与绝对尺寸无关。为得到一条导线的电阻，只需将薄层电阻乘以该导线的 L/W。

$$R = \frac{\rho L}{HW} \tag{5-2}$$

表 5-1　常用导体的电阻率

导体	电阻率/$\Omega \cdot m$
铜	1.7×10^{-8}
铝	2.7×10^{-8}
钨	5.5×10^{-8}

对于长互连线，铝是优先考虑的材料。多晶应当只用于局部互连。尽管扩散层（N$^+$，P$^+$）的薄层电阻与多晶的相当，但由于它具有较大的电容及相应较大的 RC 延时，因此应当避免采用扩散导线。先进的工艺也提供硅化的多晶和扩散层。硅化物是用硅和一种难熔金属形成的合成材料。这是一种高导电性的材料，并能耐受高温工艺步骤而不会熔化。硅化物的例子包括 WSi$_2$、TiSi$_2$。硅化物最常用的形态是多晶硅化物，它只是多晶硅和硅化物这两层的组合。典型的多晶硅化物由底层的多晶硅和上面覆盖的硅化物组成，它结合了这两种材料最佳的性质——良好的附着力和覆盖性（来自多晶）以及高导电性（来自硅化物）。

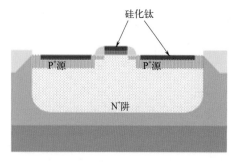

硅化钛

P⁺源   P⁺源

N⁺阱

图5-6　硅化物多晶栅的MOS

图5-6为一个采用多晶硅化物栅制造的MOSFET。硅化的栅具有栅电阻较小的优点。同样，硅化的源和漏区将降低器件的源漏电阻。布线层之间的转接将给导线带来额外的电阻，称为接触电阻。因此优先考虑的布线策略是尽可能地使信号线保持在同一层上，并避免过多的接触或通孔。使接触孔较大可以降低接触电阻，但遗憾的是，电流往往集中在一个较大硅化物接触孔的周边，它在实际中将限制接触孔的最大尺寸。

集成电路设计者往往把电感看成只在物理课中听到过但对现在的工作领域没有任何影响的元件而不予考虑，在集成电路设计的最初几十年间确实如此。然而，当前由于采用低电阻的互连材料并且开关频率已提高到了高频的范围，所以电感甚至在芯片上也开始显示出它的重要作用。解决寄生电感的方法就是试着去模拟它，把它当成电路中的一部分。

电路某一部分的电感 L 总是可以用它的定义来计算，即通过一个电感的电流产生压降，如式（5-3）所示。

$$\Delta V = L \frac{\mathrm{d}I}{\mathrm{d}t} \qquad\qquad (5\text{-}3)$$

有可能直接从一根导线的几何尺寸及它周围的介质来计算它的电感。一条导线（每单位长度）的电容 C 和电感 L 间的关系如式（5-4）所示。

$$CL = \varepsilon\mu \qquad\qquad (5\text{-}4)$$

式中　ε——周围电介质的介电常数；

　　　μ——周围电介质的磁导率。

为使这一表达式成立，该导体必须完全被均匀的绝缘介质所包围，但情况常常不是这样。即使导线处在不同的介质材料中，也有可能采用"平均"的介电常数，所以式（5-4）仍可用来得到电感的近似值。

5.2　导线实例

【例5-1】设计导线模型，并对其进行仿真。

导线是电路中用来连接各个元件的导体细线，通常默认电阻为零。虽然在电路中，我们常常忽略导线对电路的影响，但在电路中导线却是不可或缺的存在。在上节中已经介绍了互连线的电气特性——电容、电阻和电感。这些寄生元件会影响电路的电气特性并影响它的延时、功耗和可靠性。为了研究这些效应，需要建立可以用来估计和近似导线的实际特性与其参数间关系的电气模型。根据要研究的效应以及所要求的精度，这些模型可以从简单到复杂。

5.2.1　理想导线

所谓理想导线，要能够保证在电路中理想导线仅仅作为连接元件而不影响到电路的性能。所以，首先理想导线的电阻 R=0，则必然有导线两端电压如式（5-5）所示。

$$U=IR=0 \qquad (5-5)$$

所以导线上是没有压降的，导线两端电压相等，这样也就保证了电路中各个元件电压的连续。另外在直流电路中，电流连续且电流大小处处相等，在导线上电流也必然连续且与电路中电流大小相等。

由此可以总结出理想导线的几点性质：①理想导线的电阻为零；②理想导线两端电势差为零；③理想导线中电流满足电流恒定条件，电流强度与所在支路电流相等。这些性质都是从理想导线的基本假设得出来的，符合电学中的性质。如果把理想导线看作导体，那么理想导线中的电场就是恒定电场，其性质应该与静电场一致。但是实际情况与此有矛盾，因为如果导线两端电压相等，没有电势差，自由电子就没有了定向运动，也就没有漂移速率，如式（5-6）所示，那电流大小也就为零了。

$$u = -\frac{e}{2m} \times \frac{\bar{\lambda}}{\bar{v}} E \qquad (5-6)$$

式中　u——电子漂移速率；

　　　e——电子的电量；

　　　m——电子的质量；

　　　$\bar{\lambda}$——自由电子的平均自由程；

　　　E——电场强度；

　　　$\bar{v}$——自由电子的平均热运动速率。

这个矛盾的本质就在于理想导线的零电阻假设。零电阻之下，理想导线就不再是普通的导体了，导体中的电场性质也就不再适用了，导体电阻的微观模型也就不再适用，漂移速度与电场之间的关系式（5-6）也就不再成立了。

我们可以把理想导线看成是无电阻的理想导体。没有电阻的情况下，自由电子的运动不受阻碍，同时理想导线内电场为零，自由电子不受外力，就会以恒定的漂移速率运动，也就可以保证电流的连续不变。而理想导体中电场为零，也就可以保证理想导线两端的电势差为零。因此，把理想导线看作普通导体是有问题的，会产生矛盾，但是如果我们把理想导线看作理想导体，就可以理解它的性质了。

对于实际导线来讲，问题就简单多了。实际的导线一般是金属导体，具有一定的电阻，虽然电阻很小。实际使用中，导线通常会选取电阻率比较小同时也相对廉价的金属，比如铜、铝等。同时，导线两端必然有一定的电势差，也会消耗一定的能量。实际导线也必然满足电流的恒定条件，电流强度处处相等。

由此也可以总结出实际导线的几点性质：①实际导线有很小的电阻；②实际导线两端有电势差；③实际导线中电流满足电流恒定条件，电流强度与所在支路电流相等。因此，实际的导线可以看作是阻值很小的电阻，与其他元件串联，可以把导线看作电阻来研究其在电路中的作用和性质。

当然，实际的金属导线，比如银、铜、铝，在一定条件下，即导线两端电压远远小于所连接元件的电压时，可以近似地看作理想导线，因为此时导线的电阻相对于元件电阻小到可以忽略。此时，限制因素是通过实际导线的电流过大时金属导线可能会发热熔化，所以实际导线能通过的电流也不是无限制的。

在电路图上导线是没有任何附加参数或寄生元件的简单连线。这些导线对电路的电气特性没有任何影响。在导线一端的电压变化会立即传送到它的另一端，即使这两端距离较远也是如此，电压的传播被认为是没有延时的。导线的这一理想模型比较简单，但在设计的早期阶段，更便于将设计重点放在器件的性质和特点上。同时，若设计的电路较小，导线往往较短，导线上的寄生参数可以忽略不计，可以用该模型等效研究。然而多数情况下，导线的寄生参数常常起到至关重要的作用，因此应当考虑采用比较复杂的模型来进行研究。

5.2.2　集总 RC 模型

一条导线的电路参数是沿它的长度分布的，因此不能把它集总在一点上。然而当只有一个寄生元件占支配地位，在这些寄生元件之间的相互作用很小时，或者当只考虑电路特性的一个方面时，把各个不同的（寄生元件）部分集总成单个的电路元件常常是很有用的。这一步骤的优点是寄生效应可以用常微分方程来描述。正如我们在后面将要看到的，描述一个分布元件需要偏微分方程，只要导线的电阻部分很小，并且开关频率在低至中间的范围内，那么就可以很合理地只考虑该导线的电容部分，并把分布的电容集总为单个电容，如图5-7所示。注意在这一模型中导线仍表现为一个等势区，因而导线本身并不引入任何延时。对于性能的唯一影响是由电容对于驱动门的负载效应引起的。这一电容集总的模型很简单但很有效，因此常常选用该模型来分析数字集成电路中的大多数互连线。虽然集总电容模型最为普遍，但相对于电阻或者电感来建立一条导线的集总模型往往非常有用。

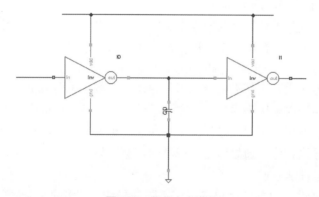

图5-7　集总电容模型

长度超过几毫米的片上金属线具有较明显的电阻。在集总电容模型中介绍过的等势假设不再适合，因而必须采用电阻 - 电容模型。第一步是把每段导线的总导线电阻集总成一个电阻 R，并且同样把总的电容合成一个电容 C。这个简单的模型称为集总 RC 模型，如图 5-8 所示。

图中的电阻 - 电容网络仅有一个输入节点，所有的电容都在某个节点和地之间，该电路并不包含任何电阻回路，且无分支，故也可称之为 RC 链，如图 5-9 所示。该结构是数字电路中经常遇到的一种结构，并且也代表了一条电阻 - 电容导线的近似模型。RC 链的延时计算方法如式（5-7）所示。

$$t = \sum_{i=1}^{N} C_i R_i \tag{5-7}$$

式中 C_i——节点电容;

R_i——节点的路径电阻。

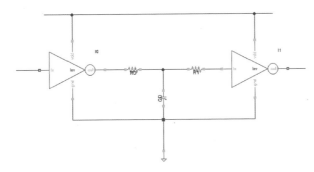

图5-8 集总 RC 模型

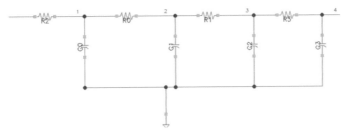

图5-9 集总 RC 链

该延时公式除了可以用来分析导线,也可以用来近似估算复杂晶体管电路的传播延时。采用开关模型时,晶体管可以用线性化等效为通过电阻来代替。于是传播延时的估算就可以简化成 RC 模型来进行分析。

5.2.3 导线特性仿真

分析电路工作速度通常先假设电路的负载主要为容性和集总的负载。其中,负载电容主要包含三个部分:器件的内部寄生电容、互连线寄生电容、扇出负载电容。这三部分电容加在同一个互连线上会产生非常严重的问题,尤其是在特征尺寸为深亚微米级的电路中。

深亚微米尺寸所产生的效应使互连线传播延时产生了非常大的变化。对于如图5-7所示的集总模型,当导线的宽度减少时,由于导线的电阻跟宽度成反比,所以导线的电阻增大,对电路的延迟影响非常明显,不可以被忽略,则分析时可以采用如图5-8所示的模型。导线电阻计算方法如式(5-8)所示。

$$R = \frac{\rho L}{S} = \frac{\rho L}{hW} \tag{5-8}$$

式中 ρ——导线电阻率;

L——导线长度;

h——导线厚度;

W——导线宽度;

S——导线的横截面积。

式中与导线材料有关的因子也称为薄层电阻，如式（5-9）所示。

$$R_\square = \frac{\rho}{h} \tag{5-9}$$

式中，$R_\square$ 为材料的薄层电阻，单位是 $\Omega/\square$。任何材料的薄层电阻都可以由材料的电阻率和导线厚度计算出来，如式（5-10）所示。

$$R = R_\square \frac{L}{W} \tag{5-10}$$

L/W 的值按照导线的尺寸计算。对于给定工艺，$R_\square$ 是定值，设计人员可以通过修改导线的尺寸来调整导线的电阻值。

如果导线比较长，电阻增大，增加的电阻对于驱动门电路边线为分布的 RC 负载，可以用集总的 n 段 RC 结构等效，如图 5-10 所示。

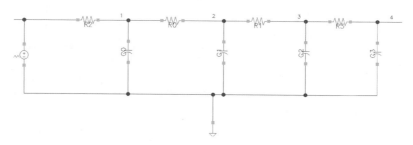

图5-10　n 段集总 RC 结构

总电阻为线路上所有电阻之和，如式（5-11）所示。

$$R = R_0 + R_1 + R_2 + R_3 \tag{5-11}$$

对于总电容，这种关系同样存在，如式（5-12）所示。

$$C = C_0 + C_1 + C_2 + C_3 \tag{5-12}$$

因此，图 5-9 可以等效成简化的集总 RC 结构，如图 5-11 所示。

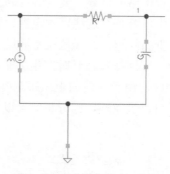

图5-11　简化的集总 RC 结构

计算导线传播延时的一种简单方法是 Elmore 延迟，见式（5-13）。

$$t = RC \tag{5-13}$$

图 5-10 电路的延迟计算涉及对电路中每个节点计算该节点的电容与从起始节点到该节点所有电阻之和的乘积。根据式（5-7）可以得出该电路的延时公式计算方法，如式（5-14）

所示。

$$t=C_0R_2+C_1(R_2+R_0)+C_2(R_2+R_0+R_1)+C_3(R_2+R_0+R_1+R_3) \tag{5-14}$$

对该电路进行仿真，仿真结果如图 5-12 所示。该图显示了一条导线对阶跃输入的响应。当输入端电平由低到高切换时，导线上不同位置的点的波形具有延时差。当波形从输入端向输出端扩散时，波形变差。若导线较长，会引起相当大的延时。驱动这些互连线并使延时和波形变差的情况减小到最小，是数字集成电路设计中最复杂的问题之一。

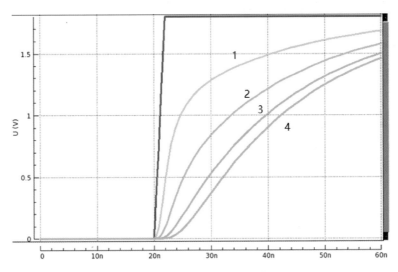

图5-12　n段集总RC结构仿真结果

表 5-2 列出了导线集总 RC 模型阶跃响应中一些重要的参考点。例如，集总电路的传播延时（定义为终值的 50%）等于 0.69RC。其中，R 和 C 是导线的总电阻和电容。

表 5-2　集总 RC 模型阶跃响应中重要的参考点

电压范围	集总RC模型
0 ~ 50%（t_p）	0.69RC
10% ~ 90%（t_r）	2.2RC

注：t_p—传播延时；t_r—上升时间。

但是为连线电容建模是一项非常复杂的工作。导线的电容取决于导线的拓扑结构、导线间距及上下层导线间的距离。想要精确计算寄生电容值是很复杂的。

通常 RC 延时只在导线 RC 传播延时 t_{pRC} 近似或超过驱动门的传播延时 t_{pgate} 时才予以考虑。上述规则定义了一个临界长度，如式（5-15）所示。

$$L = \sqrt{\frac{t_{pgate}}{0.38RC}} \tag{5-15}$$

当导线长度超过这个临界长度时，RC 延时才占主要地位。L 的确切值取决于驱动门的尺寸及所选用的互连材料。

另一情况为 RC 延时只是在导线输入信号的上升（下降）时间小于导线的上升（下降）时间 RC 时才予以考虑。换言之，如果信号通过导线的时间比信号的上升和下降时间短得多，那么导线就可以看成容性负载，或者看成一个集总电容或分布的 RC 网络，如式（5-16）所示。

$$t_{\text{rise}} < RC \tag{5-16}$$

式中，R 和 C 分别为导线的总电阻和总电容；t_{rise} 为信号上升时间。当这一条件不满足时，信号的变化将比导线的传播延时慢，因此可以采用集总电容模型。如果导线足够长，电路的开关速度足够快，导线的电阻保持在一定范围内，信号上升时间与通过导线的时间相差不大，那么导线的电感将占主导地位，可以把导线看作传输线模型。

与互连线的电阻和电容一样，电感也是分布在整个导线上的。一条导线的分布 RLC 模型称为传输线模型，是导线确切特性的最精确近似。传输线的基本性质是信号以波的形式传播，并通过互连介质。信号的传播是通过交替地使能量从电场传送到磁场，或者说从电容模式转变成电感模式。可以通过式（5-17）～式（5-19）确定何时采用传输线模型。

$$t_{\text{r}} < 2.5 \times \frac{l}{v} \tag{5-17}$$

$$2.5 \times \frac{l}{v} < t_{\text{r}} < 5 \times \frac{l}{v} \tag{5-18}$$

$$t_{\text{r}} > 5 \times \frac{l}{v} \tag{5-19}$$

式中　l——导线长度；

　　　v——传播速度。

当满足式（5-17）时，适合采用传输线模型；满足式（5-18）时，传输线模型或集总模型均可；当满足式（5-19）时，可采用集总模型分析。

20 世纪 80 年代早期，Yuan 和 Trick 推出了一套简单的公式计算互连电容，其中的边缘场电容使寄生电容的计算变得复杂。边缘场电容的产生原因是工艺尺寸的减少，以及布线密度的提升，使得导线的宽度越来越小。图 5-3 中导线的 W/H 的比在逐步下降，甚至低于 1。这时之前讨论的平板电容模型就变得很不精确，导线产生的电场中导线侧壁和衬底间的电场占据主导地位，如图 5-13 所示。

该模型分析计算难度较高，通常可以用一个简化的模型来等效，如图 5-14 所示。

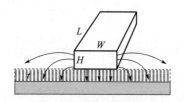

图5-13　边缘场示意图

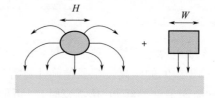

图5-14　边缘场电容模型

该模型把边缘场电容近似为两部分的和。一个平板电容由宽度为 W 的一条导线与接地平面之间的垂直电场决定，一个边缘电容用一条直径等于导线宽度 H 的圆柱形导线来模拟，可得式（5-20）。

$$C = \frac{w\varepsilon}{t} + \frac{2\pi\varepsilon}{\ln\left(\frac{2t}{H}+1\right)} \tag{5-20}$$

式中，$w=W-H/2$，是对平板电容柜宽度更好的近似。当利用边缘场电容计算传输线寄生电容时，当两种线宽的范围不同时，有两种情况。当互连线宽度 $W \geqslant H/2$ 时，如式（5-21）所示；当互连线宽度 $W \leqslant H/2$ 时，如式（5-22）所示。

$$C = \varepsilon \left\{ \frac{W - \dfrac{H}{2}}{t} + \frac{2\pi}{\ln \left[1 + \dfrac{2t}{H} + \sqrt{\dfrac{2t}{H}\left(\dfrac{2t}{H} + 2\right)} \right]} \right\} \tag{5-21}$$

$$C = \varepsilon \left\{ \frac{W}{t} + \frac{\pi\left(1 - 0.0543\dfrac{H}{2t}\right)}{\ln \left[1 + \dfrac{2t}{H} + \sqrt{\dfrac{2t}{H}\left(\dfrac{2t}{H} + 2\right)} \right]} + 1.47 \right\} \tag{5-22}$$

利用这些公式可以估算寄生电容的近似值，即使在 W/H 值非常小的情况下，误差也能控制在较小的范围内。

5.3 按比例缩小

由前面的分析可知，缩小器件的尺寸，可以减小沟道长度 L 和寄生电容，从而改善集成电路的性能和集成度。器件尺寸的缩小在集成电路技术发展的历史中起着十分重要的作用，在今后仍然是集成电路进一步发展的一个关键因素。

MOS 集成电路的缩小尺寸包括组成集成电路的 MOS 器件的缩小尺寸以及隔离和互连线的缩小尺寸三个方面。MOS 器件尺寸缩小后，会引入一系列的短沟道和窄沟道效应。

MOS 集成电路器件缩小尺寸的理论就是从器件物理出发，研究器件尺寸缩小之后，尽可能减少这些小尺寸效应的途径和方法。

1974 年，R. Dennard 等提出了 MOS 器件"按比例缩小"的理论。这个理论建立在器件中的电场强度和形状在器件尺寸缩小后保持不变的基础之上，称为恒定电场（CE）理论。这样，许多影响器件性能并与电场变化呈非线性关系的因素，将不会改变其大小，而器件的性能却得到明显的改善。

随着实践的应用需要，又提出了按比例缩小的恒定电源电压（CV）理论，以及准恒定电源电压（QCV）理论。

■ （1）器件和引线按 CE 理论缩小的规则

所谓"按比例缩小"，意味着不仅仅是简单地缩小器件的水平尺寸，而且按同样比例缩小器件的垂直尺寸；不仅缩小器件的尺寸，而且按比例地变化电源电压及衬底浓度。

CE 理论的基本特点是：器件尺寸、电源电压及衬底浓度这三个参数均按一个比例因子 α（此处 $\alpha > 1$，是无量纲的常数）而变化，即所有水平方向和垂直方向的器件尺寸均按 $1/\alpha$ 缩小。与此同时，为了保持器件中各处电场强度不变，所有工作电压均按同样比例降低到 $1/\alpha$（即乘 $1/\alpha$）。为了按同比例缩小器件内各个耗尽层宽度，衬底浓度应提高至 α 倍。这里"按比例缩小"的提法是为了着重说明器件和引线尺寸的缩小。事实上，除尺寸之外，电源电压及衬底浓度是按同样的比例改变，并不一定缩小。按 CE 理论缩小的器件和电路性能如表 5-3 所示。

表 5-3　按 CE 理论缩小的器件和电路性能

参数	比例因子 α	参数	比例因子 α
器件最小尺寸	$1/\alpha$	延迟功耗乘积（空载）	$1/\alpha^3$
集成密度	α^2	门延迟（负载）	$1/\alpha$
电源电压	$1/\alpha$	延迟功耗乘积（负载）	$1/\alpha^3$
衬底偏压	$1/\alpha$	功耗密度	1
栅氧化层厚度	$1/\alpha$	栅氧化层电场	1
场氧化层厚度	$1/\alpha$	硅耗尽层电场	1
结深	$1/\alpha$	接触电阻	α^2
衬底浓度	α	引线电阻	α
栅电容	$1/\alpha$	引线相对时间常数	α
迁移率	1	引线相对压降	α
开启电压	$1/\alpha$	电流密度	α
工艺增益因子	α	最大集成门数	α^2
门电流	$1/\alpha$	最大芯片面积	1
门功耗	$1/\alpha^2$	最大芯片边长	1
门延迟（空载）	$1/\alpha$	最大芯片功耗	1

CE 理论的一个主要弱点是许多影响电路性能的参数不能按比例变化，如硅的禁带宽度 E_g，等效热电压 kT/q，等效氧化层电荷密度 Q_{ox}，功函数差 φ_{MS}，PN 结内建电势 φ_{bi}，载流子饱和速度 v_{SAT}，亚开启电流斜率 S_i，杂质扩散系数，周长面积比，介电常数，介质和硅的临界电场强度，载流子碰撞电离率以及某些工艺参数的误差等；一些不希望或不应按比例变化的参数又不得不按比例变化，这些参数包括场氧化层厚度（希望尽可能厚，以减小寄生电容），互连线厚度（希望尽可能厚，以减缓电阻的增加），衬底浓度（希望尽可能低，以减少寄生的 PN 结电容），接触孔的面积（希望尽可能大，以减少寄生串联电阻），等等。因此带来以下一些问题：

① 小尺寸器件的开启电压过低，造成噪声容限低以及器件截止态时电导过大（亚开启电导效应）；

② 互连线电流密度按比例因子 α 增大，引起可靠性问题（金属电迁移效应）；

③ 互连线上相对电压降及接触电压降按 α 因子增大，引起电路性能下降；

④ 低的电源电压使其与其他电路的兼容造成困难；

⑤ 由于温度不按比例降低，使开启电压在电路工作温度范围内起伏过大；

⑥ 由于 PN 结内建电势 φ_{bi} 不按比例因子 α 缩小，导致耗尽层宽度不按比例缩小。

■ （2）按比例缩小的 CV 理论

按比例缩小的 CV 理论是对 CE 理论的一种修正，其主要特点是保持电源电压不变。与

CE 规则一样，器件和引线的水平方向尺寸及垂直方向尺寸均按比例因子 α 缩小，此处 $\alpha > 1$。为了保证在电源电压不变情况下，漏区耗尽层宽度按比例缩小，衬底浓度必须有相应的调整。由漏区耗尽层宽度公式可知式（5-23）。

$$W_{\mathrm{d}} = \left[\frac{2\varepsilon_0 \varepsilon_{\mathrm{Si}} \left(\varphi_{\mathrm{bi}} + V_{\mathrm{DS}} + |V_{\mathrm{BS}}| \right)}{q N_{\mathrm{SUB}}} \right]^{1/2} \tag{5-23}$$

式中　φ_{bi}——PN 结内建电势；

　　　V_{DS}——漏 - 源电压；

　　　V_{BS}——衬底偏压；

　　　N_{SUB}——衬底浓度；

　　　q——电子电量；

　　ε_{s}，$\varepsilon_{\mathrm{Si}}$——半导体介电常数和硅的介电常数。

这里，电压量 V_{DS} 及 V_{BS} 均保持常数，并假定 φ_{bi} 保持不变，则要求：

$$N'_{\mathrm{SUB}} = \alpha^2 N_{\mathrm{SUB}} \tag{5-24}$$

如此才能使耗尽区宽度按比例因子 α 缩小。

按 CV 理论缩小的器件和电路性能如表 5-4 所示。

表 5-4　按 CV 理论缩小的器件和电路性能

参数	比例因子 α	参数	比例因子 α
器件最小尺寸	$1/\alpha$	延迟功耗乘积（空载）	$1/\alpha$
集成密度	α^2	门延迟（负载）	$1/\alpha^2$
电源电压	1	延迟功耗乘积（负载）	$1/\alpha$
衬底偏压	1	功耗密度	α^3
栅氧化层厚度	$1/\alpha$	栅氧化层电场	α
场氧化层厚度	$1/\alpha$	硅耗尽层电场	α
结深	$1/\alpha$	接触电阻	α^2
衬底浓度	α^2	引线电阻	α
栅电容	$1/\alpha$	引线相对时间常数	α^2
迁移率	1	引线相对压降	α^2
开启电压	1	电流密度	α^3
工艺增益因子	α	最大集成门数	$1/\alpha$
门电流	α	最大芯片面积	$1/\alpha^3$
门功耗	α	最大芯片边长	$\alpha^{-3/2}$
门延迟（空载）	$1/\alpha^2$	最大芯片功耗	1

按比例缩小的 CV 理论解决了 CE 理论所带来的问题，但是器件中电场强度又带来许多与高电场有关的一系列新问题。

按 CV 理论缩小电路尺寸可以使 NMOS 电路的延迟时间、集成密度以及延迟功耗乘积有明显改善。但是，高电场强度、高的电流密度、高的功耗密度以及高的引线电压降，成为 CV 理论的主要问题。

从上面的内容可知，无论是 CE 理论或是 CV 理论，都能使集成电路性能得到改善，集成密度得到显著提高。但是，各自都存在由于过低的电压量（CE 理论）或过高的电场强度（CV 理论）所带来的一系列性能限制。如果完全按照 CE 理论或 CV 理论缩小集成电路，器件性能显然不能得到最佳化。

事实上，按比例缩小的理论中，并不是所有的几何尺寸或其他参数的改变都能带来一定的好处。例如，场氧化层厚度和互连线的厚度如能保持不变，则可使互连线的电阻保持不变，而其电容值却缩小至 $1/\alpha^2$。相应地，互连线的时间常数减小至 $1/\alpha^2$，与电路中器件的性能改善相匹配。当然，这种做法必须有相应的工艺技术作为基础。可以根据工艺技术水平，减缓场氧化层厚度及互连线厚度减薄的速率。

又如，衬底浓度的过分提高，使载流子的有效迁移率减小，使漏和源 PN 结的寄生电容增大，还会带来体效应的增大，这是应该避免的。在按比例缩小的理论中，提高衬底浓度的目的是要使耗尽层宽度按比例缩小。但是只有耗尽层的横向宽度才是防止穿通的主要参数，而这种耗尽层的横向扩展可以通过沟道离子注入改变沟道表面浓度而得到控制，并无必要改变体衬底浓度。假定注入剂量不变，而注入深度按比例缩小，则表面浓度按比例增大，衬底的掺杂浓度就可以不变。当然在实践中，由于注入以后仍有一系列热处理过程，要按比例缩小注入的深度是困难的，但显然衬底浓度并不需要按 CE 及 CV 理论要求的那样大的比例增大。

采用计算机辅助技术开发适当的模拟程序，可以在确定的沟道长度、结深及电源电压的条件下，通过选择栅氧化层厚度、沟道注入浓度及衬底浓度，达到器件的开启电压、驱动电流及速度的设计指标，并把短沟道效应（如开启电压的下降及亚开启电流的升高）限制在可接受的范围内。再由可靠性的要求（如衬底电流的数值）修正电源电压，直到高性能及高可靠性的要求均能达到为止。这个方法比较准确，但也较复杂。更为简便的方法是研究类似 CE、CV 的简单明了的缩小理论，使电源电压的值满足开启电压可控及高场效应足够小两方面的要求。这就是按比例缩小的准恒定电压（QCV）理论以及其他的一些修正理论。这类理论与其说是按某种比例关系缩小器件尺寸，按比例改变电压及衬底掺杂，还不如说是一种根据实际工艺能力的最佳设计。

■ （3）按比例缩小的QCV理论

按比例缩小的 QCV 理论，事实上也是 CE 理论的修正型。它要求电源电压及其他电压量按 $\sqrt{\alpha}$ 的比例而变化，以实现上述对电压的要求。选择 $\sqrt{\alpha}$ 并没有明确的物理意义，但它们与目前半导体工业中电源电压下降的速率比较接近。

按 QCV 理论缩小的器件和电路的性能折中了 CE 及 CV 理论各自的优点和缺点，因而表现出较好的电路性能。

按 QCV 理论缩小的器件和电路性能如表 5-5 所示。

显然，按比例缩小后，能轻松提升集成电路的性能，并且降低功耗，而且晶体管的尺寸减小了，整个芯片占用的面积也会减少，可能降低成本（"可能"的原因是还需要与工艺升级带来的成本上升来比较）。

前面定义的"比例缩小"有一个前提是保持电场强度不变，因此也叫"恒定电场比例缩小"，这是一种理想的模型，是全方位地按比例缩小。实际上使用的是"恒定电压比例缩小"，即只有器件的尺寸缩小，电压保持不变。

表 5-5　按 QCV 理论缩小的器件和电路性能

参数	比例因子 α	参数	比例因子 α
器件及引线的水平尺寸	$1/\alpha$	栅氧化层电场	$\sqrt{\alpha}$
器件及引线的垂直尺寸	$1/\alpha$	硅耗尽层电场	$\sqrt{\alpha}$
衬底掺杂浓度	$\alpha^{3/2}$	接触电阻	α^2
电压量	$1/\sqrt{\alpha}$	引线电阻	α
栅电容	$1/\alpha$	引线上相对压降	$\alpha^{3/2}$
开启电压	$1/\sqrt{\alpha}$	引线相对时间常数	$\alpha^{3/2}$
工艺增益因子	α	电流密度	α^2
门电流	1	集成密度	α^2
门延迟	$\alpha^{-3/2}$	最大集成门数	$\sqrt{\alpha}$
门功耗	$1/\sqrt{\alpha}$	最大芯片面积	$\alpha^{-3/2}$
延迟功耗乘积	$1/\alpha^2$	最大芯片边长	$\alpha^{-3/4}$
功耗密度	$\alpha^{3/2}$	最大芯片允许功耗	1

在 1μm 以上线宽的工艺时代，曾经使用过 λ 设计规则。λ 是某个工艺中的最小尺寸，版图设计时所有尺寸都是 λ 的倍数，改变工艺时只需要改变 λ 的值即可，有利于新工艺导入时进行"按比例缩小"。实际操作中是做不到所有尺寸都按比例缩小的，到了亚微米、深亚微米工艺时代，微电子工业上通常使用"微米设计规则"来表示集成电路版图中的各个尺寸，即用自由格式来分别定义每个尺寸的绝对值，不存在比例关系，或者使用符号布图系统，以准确地定义出设计规则，最大化地利用布局布线空间。因此，在这里"比例缩小法则"只是有助于我们理解微电子工艺升级对集成电路性能提升所起的作用，目前微电子工艺实际使用的多是"综合比例缩小"，即根据设计需求，器件尺寸和电压分别采用不同的系数进行缩小。

器件尺寸的缩小是实现高性能超大规模集成电路的必经之路，各种缩小尺寸的理论均有各自的特点及存在的局限性。因此，它们只能作为缩小器件尺寸的指导性理论，必须根据具体的应用和工艺的可能性，实现设计的最佳化。

习题

一、名词解释
1. 按比例缩小
2. 集总模型

二、简答题
1. 铝的方块电阻是 0.05Ω/□，多晶硅的方块电阻是 30Ω/□。设互连线线宽 5μm，长度 8μm，试计算上述两种材料构成的互连线电阻是多少？
2. 概述减小导线寄生效应的方法有哪些？

第 **6** 章

CMOS 反相器设计实例

▶▶ 思维导图

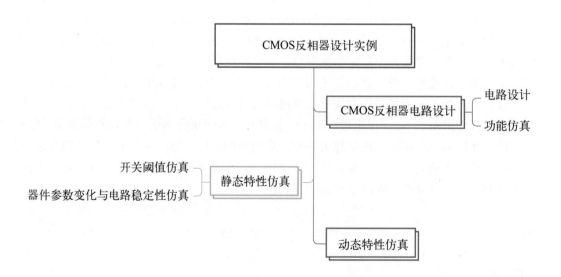

　　MOS集成电路中的基本器件是MOS晶体管。在一定条件下，MOS管也可作为电阻和电容使用。有了这些元件就可以设计各种不同的电路。MOS反相器是数字电路的最基本单元，也是数字设计的核心。弄清反相器的工作原理和特性，其他复杂结构的设计就可以大大地简化了。反相器的分析方法可以引申来解释其他复杂门的特性，同时反相器也是构成其他复杂电路的基本组成结构之一。本章对反相器的工作原理进行分析，建立反相器电路模型并进行参数仿真。

CMOS反相器电路设计

  CMOS 是 complementary metal-oxide-semiconductor（互补金属氧化物半导体）的缩写。它是指制造大规模集成电路芯片用的一种技术或用这种技术制造出来的芯片，是组成 CMOS 数字集成电路的基本单元。虽然制造集成电路的方法有多种，但对于数字逻辑电路而言，CMOS 是主要的方法。CMOS流行的原因为：

  ① 逻辑函数很容易用 CMOS 电路来实现；

  ② CMOS 允许极高的逻辑集成密度，其含义就是逻辑电路可以做得非常小，可以制造在极小的面积上；

  ③ 用于制造硅片 CMOS 芯片的工艺已经众所周知，并且 CMOS 芯片的制造和销售价格十分合理。

  这些特征为 CMOS 成为制造 IC 的主要工艺提供了基础。CMOS 门电路主要参数的定义同 TTL 电路，下面主要说明 CMOS 电路主要参数的特点。

  ① 输出高电平 V_{OH} 与输出低电平 V_{OL}。CMOS 门电路 V_{OH} 的理论值为电源电压 V_{DD}，V_{OL} 的理论值为 0V。所以 CMOS 门电路的逻辑摆幅（即高低电平之差）较大，接近电源电压 V_{DD} 值。

  ② 阈值电压 V_M。从 CMOS 门电路输出高低电平的过渡区很陡，阈值电压 V_M 约为 $V_{DD}/2$。

  ③ 噪声容限。CMOS 门电路具有低输出阻抗，使得噪声容限较大，对噪声和干扰不敏感。

  ④ 传输延迟与功耗。CMOS 电路的功耗很小，但传输延迟较大，且与电源电压有关，电源电压越高，CMOS 电路的传输延迟越小，功耗越大。

  ⑤ 输入阻抗。因 MOS 管的栅实际上是一个绝缘体，因此没有输入电流。由于输入节点只连到晶体管的栅上，所以稳态输入电流几乎为零。理论上，可以驱动无穷个门，但增加扇出系数会增加传播延时，使瞬态响应变差。

  CMOS 逻辑门电路是在 TTL 电路问世之后开发出的第二种广泛应用的数字集成器件，从发展趋势来看，由于制造工艺的改进，CMOS 电路的性能有可能超越 TTL 而成为占主导地位的逻辑器件。CMOS 电路的工作速度可与 TTL 相比较，而它的功耗和抗干扰能力则远优于 TTL。此外，几乎所有的超大规模存储器件以及可编程逻辑器件（PLD）都采用 CMOS 工艺制造，且费用较低。

6.1.1　电路设计

  【例 6-1】设计静态 CMOS 反相器电路，并对性能参数进行仿真。

  基于华大九天仿真平台搭建 CMOS 反相器电路图如图 6-1 所示。

  图中反相器由一个 NMOS 管 NM0 和一个 PMOS 管 PM0 组成，C0 为负载电容。当输入电压 V1 为高电平时，NM0 导通，PM0 截止。此时输出端通过导通的 NM0 管接地，等效电路如图 6-2（a）所示。由于输出端与地之间形成直接通路，使输出电压几乎为 0V，输出电压为低电平状态。

  反之，当输入电压 V1 为低电平时，PM0 导通，NM0 截止。此时输出端通过导通的 PM0 管接地，等效电路如图 6-2（b）所示。由于输出端与 vdd 之间形成直接通路，使输出电

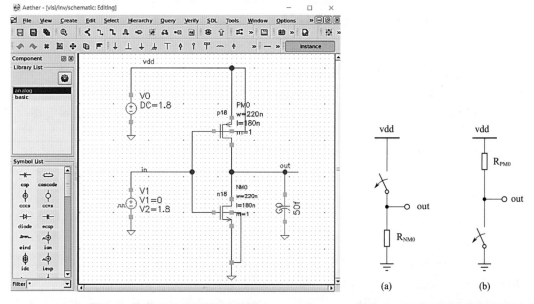

图6-1 静态CMOS反相器电路图   图6-2 CMOS反相器导通等效电路

压接近电源电压，输出电压呈现为高电平状态。输入输出电压关系与反相器逻辑功能一致。CMOS 反相器输入端由于连接两个管子的栅极，所以输入电阻极高，输入电流为 0。稳定状态下输出端的通路因为两端电压差几乎为 0，所以输出电流约等于 0。因此，CMOS 反相器静态功耗很小。

　　仿真 CMOS 反相器的功能需要对电路进行瞬态仿真，瞬态仿真设置如图 6-3 所示。

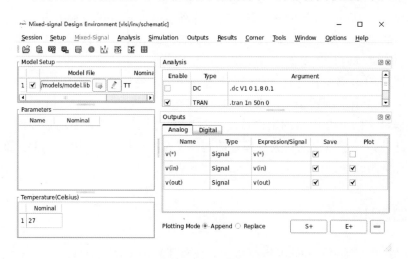

图6-3 CMOS功能瞬态仿真设置

　　功能仿真波形图如图 6-4 所示。从图中输入输出波形对应关系可知，该电路实现了反相器的功能需求。

6.1.2　功能仿真

　　CMOS 反相器中，输入电压 V_{in} 同时接到两个晶体管的栅极，输出端接两个晶体管的漏极，

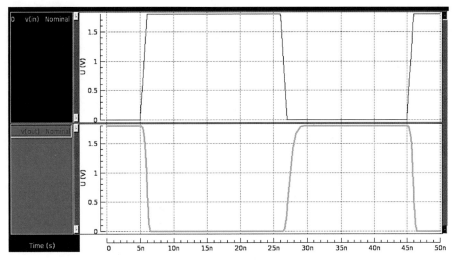

图6-4 CMOS功能仿真波形图

两个管子以互补的方式工作。CMOS 反相器各电压示意图如图 6-5 所示，PMOS 管和 NMOS 管在不同工作区域内的电压关系如表 6-1 所示。

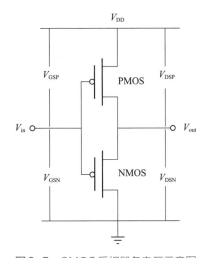

图6-5 CMOS反相器各电压示意图

表6-1 CMOS 反相器不同工作区电压关系表

	截止区	线性区	饱和区
PMOS	$V_{GSP}>V_{TP}$ $V_{in}>V_{TP}+V_{DD}$	$V_{GSP}<V_{TP}$ $V_{in}< V_{TP}+V_{DD}$ $V_{DSP}<0$	$V_{GSP}<V_{TP}$ $V_{in}<V_{TP}+V_{DD}$
NMOS	$V_{GSN}<V_{TN}$ $V_{in}<V_{TN}$	$V_{GSN}>V_{TN}$ $V_{in}> V_{DSN}+V_{TN}$ $V_{DSN}>0$	$V_{GSN}>V_{TN}$ $V_{in}<V_{DSN}+V_{TN}$

表 6-1 中，V_{TN} 表示 NMOS 管的阈值电压，V_{TP} 表示 PMOS 管的阈值电压，并且 $V_{TP}<0$。将互补工作的一对管子的漏 - 源电流与漏 - 源电压的特性曲线画在同一张坐标轴中，可得 CMOS 反相器直流特性传输曲线。在仿真平台中也可以对电路进行直流扫描分析，得出该特性曲

线。仿真设置如图 6-6 所示。电压直流特性传输曲线仿真结果如图 6-7 所示，电流直流特性传输曲线仿真结果如图 6-8 所示，图中，反相器的工作状态可以分成 5 个区域，利用表 6-1 可以找出每个区域中 P 型器件和 N 型器件的行为特性。

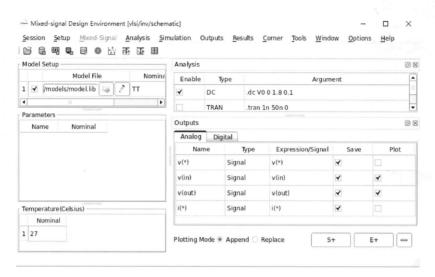

图6-6　直流扫描仿真设置

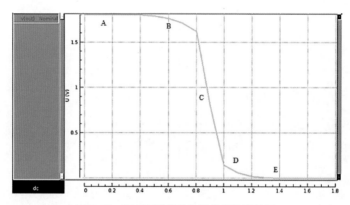

图6-7　电压直流特性传输曲线仿真结果

对 5 个工作区的电压进行讨论分析。

① A 区：$V_{\text{in}} < V_{\text{TN}}$ 时，NMOS 管截止，PMOS 管导通，此时输出电压为高电平 V_{DD}。

② B 区：$V_{\text{TN}} \leqslant V_{\text{in}} < V_{\text{DD}}/2$ 时，PMOS 工作在线性区，NMOS 器件处于饱和区。输出电压如式（6-1）所示。

$$V_{\text{out}} = V_{\text{in}} - V_{\text{TP}} + \left[\left(V_{\text{in}} - V_{\text{TP}} \right)^2 - 2 \left(V_{\text{in}} - \frac{V_{\text{DD}}}{2} - V_{\text{TP}} \right) V_{\text{DD}} - \frac{k_{\text{N}}}{k_{\text{P}}} \left(V_{\text{in}} - V_{\text{TN}} \right)^2 \right]^{1/2} \qquad (6\text{-}1)$$

其中，k_{N} 和 k_{P} 计算公式如式（6-2）和式（6-3）所示。

$$k_{\text{N}} = \frac{\mu_{\text{N}} \varepsilon}{2 t_{\text{ox}}} \times \frac{W_{\text{N}}}{L_{\text{N}}} \qquad (6\text{-}2)$$

式中　μ_{N}——电子迁移率；

　　　W_{N}——NMOS 的沟道宽度；

L_N——NMOS 的沟道长度；

ε——SiO$_2$ 的介电常数；

t_{ox}——栅氧化层厚度。

$$k_P = \frac{\mu_P \varepsilon}{2 t_{ox}} \times \frac{W_P}{L_P} \tag{6-3}$$

式中　μ_P——空穴迁移率；

W_P——PMOS 的沟道宽度；

L_P——PMOS 的沟道长度。

③ C 区：$V_{in}=V_{DD}/2$ 时，在该区中 NMOS 和 PMOS 都处于饱和区，输出电压变化范围如式（6-4）所示。

$$V_{in} - V_{TN} < V_{out} < V_{in} - V_{TP} \tag{6-4}$$

④ D 区：$\dfrac{V_{DD}}{2} < V_{in} \leqslant V_{DD} + V_{TP}$ 时，在该区内 PMOS 器件处于饱和区，NMOS 工作在线性区，输出电压如式（6-5）所示。

$$V_{out} = V_{in} - V_{TN} + \left[\left(V_{in} - V_{TN} \right)^2 - \frac{k_P}{k_N} \left(V_{in} - V_{DD} - V_{TP} \right)^2 \right]^{1/2} \tag{6-5}$$

⑤ E 区：$V_{DD} + V_{TP} \leqslant V_{in} < V_{DD}$ 时，PMOS 截止，NMOS 导通，$V_{out}=0$。

从图 6-7 可以看出，由 PMOS 导通、NMOS 截止状态到 PMOS 截止、NMOS 导通状态之间的变换区域非常陡，这种特性具有大的噪声容限，门的稳定性较好。

电流直流特性传输曲线仿真结果如图 6-8 所示。与电压直流特性传输曲线类似，也可以划分为 5 个工作区域。只在 C 区时，由于 PMOS 管和 NMOS 管都处于导通状态，会产生一个较大的电流。其余情况下，电流都极小。

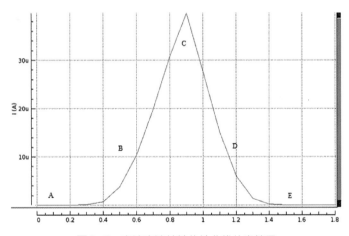

图6-8　电流直流特性传输曲线仿真结果

6.2　静态特性仿真

CMOS 反相器的静态特性可通过其电压特性传输曲线的分析得到。理想反相器的直流传输特性，输入电压为 0 时，输出电压为 V_{DD}，输入电压增大，达到某一电压 V_T 时输出电压从 V_{DD} 转变为 0，即输出从逻辑"1"转变为逻辑"0"。这一过程也称为"翻转"，反相器发生翻转时的输入电压 V_M 称为该反相器的阈值电压或翻转电压。

6.2.1 开关阈值仿真

CMOS 反相器的阈值电压为 $V_{out}=V_{in}$ 点的输出电压，可由图解法直接得出。对反相器进行直流扫描分析，仿真设置如图 6-6 所示。同时显示输入和输出节点的电压，仿真波形图如图 6-9 所示。两条线的交点位置即为图解法求得的阈值电压值。

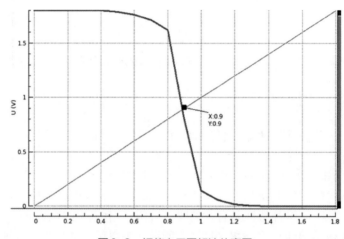

图6-9 阈值电压图解法仿真图

在开关阈值位置 $V_{out}=V_{in}=V_{DS}=V_{GS}$，电路中的两个管子都是饱和的，忽略沟道调制效应，可得式（6-6）。

$$\frac{\beta_N}{2}\left(V_M - V_{TN}\right)^2 = \frac{\beta_P}{2}\left(V_{DD} - V_M - \left|V_{TP}\right|\right)^2 \tag{6-6}$$

$$\beta_N = \mu_N C_{ox} \frac{W_N}{L_N} \tag{6-7}$$

式中　C_{ox}——单位面积栅氧化层电容。

$$\beta_P = \mu_P C_{ox} \frac{W_P}{L_P} \tag{6-8}$$

由公式可以看出，MOS 管的尺寸决定了开关阈值 V_M。但阈值电压对器件尺寸是不敏感的，当尺寸变化较小时，传输特性曲线的变化是不敏感的。

6.2.2 器件参数变化与电路稳定性仿真

电路设计实际制造过程中器件的参数值跟设计值有一点点的偏差，但对直流传输特性影响较小。调整器件尺寸，分别对反相器进行直流仿真，观察阈值电压的变化，从而进一步确认反相器的稳定性。当 W_P/W_N 分别等于 2、4 和 5 时，仿真波形图分别如图 6-10、图 6-11 和图 6-12 所示。

由图 6-10 可知，阈值电压 V_M 值为 0.78V，低于电压摆幅的一半，表明直流传输特性曲线向 GND 方向偏移。

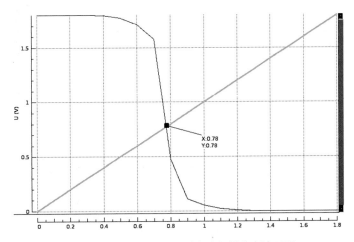

图6-10　W_P/W_N 等于2时直流扫描仿真波形图

由图 6-11 可知，阈值电压 V_M 值为 0.87V，依旧低于电压摆幅的一半，但相比尺寸比为 2 时，直流传输特性曲线向 GND 方向偏移减小，但阈值电压变化不大。

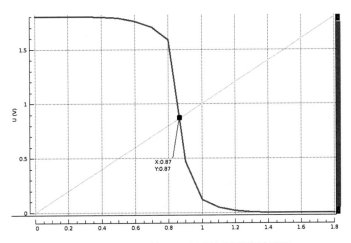

图6-11　W_P/W_N 等于4时直流扫描仿真波形图

由图 6-12 可知，阈值电压 V_M 值为 0.93V，高于电压摆幅的一半。综合来看，反相器的直流特性对尺寸变化不敏感，因此可以在一个很宽范围的条件下正确工作，这也是静态 CMOS 门被普遍应用的原因。

反相器的直流特性传输曲线由 PMOS 导通、NMOS 截止到 NMOS 导通、PMOS 截止这两个状态之间的变换非常"陡"，这一特性使得该电路具有较大的噪声容限。噪声容限是与输入输出电压密切相关的参数，通常用低噪声容限 V_{NL} 和高噪声容限 V_{NH} 来确定。V_{NL} 定义为驱动门的最大输出低电平 V_{OL} 与被驱动门的最大输入低电平 V_{IL} 之间的绝对值，如式（6-9）所示。

$$V_{NL} = V_{IL(max)} - V_{OL(max)} \tag{6-9}$$

V_{NH} 为驱动门的最小输出高电平 V_{OHmin} 与被驱动门的最小输入高电平 V_{IHmin} 之间的绝对值，如式（6-10）所示。

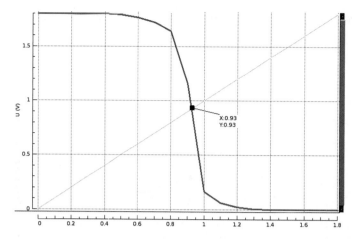

图6-12　W_P/W_N等于5时直流扫描仿真波形图

$$V_{NH} = V_{OH(min)} - V_{OL(max)} \tag{6-10}$$

为了保持 V_{out} 处于可靠的逻辑 "1" 状态，输入电压不得超过 V_{IL}；同样，为了保证 V_{out} 处于可靠的逻辑 "0" 状态，输入电压不得超过 V_{IH}。通常将 V_{IL} 和 V_{IH} 定义在反相器直流传输特性曲线斜率等于 -1 处所对应的输入电压。设 $x=k_N/k_P$，在式（6-1）中将 V_{out} 对 V_{in} 求导，令导数值为 -1，可得式（6-11）。

$$V_{IL}^2\left(3-2x-x^2\right) + V_{IL}\left[(6+2x)\left(|V_{TP}| - V_{DD} + xV_{TN}\right)\right] +$$
$$\left[3V_{TP}^2 + 3V_{DD}^2 + V_{TN}^2\left(-4x-x^2\right) + 6V_{TP}V_{DD} + 2xV_{TN}V_{TP} + 2xV_{TN}V_{DD}\right] = 0 \tag{6-11}$$

若令 $x=1$，可得式（6-12）。

$$V_{IL} = \frac{3V_{DD} - 3|V_{TP}| + 5V_{TN}}{8} \tag{6-12}$$

用相同的方法得到求 V_{IH} 的式（6-13）。

$$V_{IH}^2\left(3 - \frac{2}{x} - \frac{1}{x^2}\right) + V_{IH}\left[-8V_{TN} + \frac{8V_{DD}}{x} + \frac{8V_{TP}}{x} - 2\left(2 - \frac{1}{x}\right)\left(\frac{V_{DD}}{x} + \frac{V_{TP}}{x} - V_{TN}\right)\right]$$
$$+ \left[V_{TN}^2 - \frac{4}{x}\left(V_{DD}^2 + V_{TP}^2 + 2V_{DD}V_{TP}\right) - \left(\frac{V_{DD}}{x} + \frac{V_{TP}}{x} - V_{TN}\right)^2\right] = 0 \tag{6-13}$$

若令 $x=1$，可得式（6-14）。

$$V_{IH} = \frac{5V_{DD} - 5|V_{TP}| + 3V_{TN}}{8} \tag{6-14}$$

在 $x=1$ 和 $V_{TN}=|V_{TP}|$ 的条件下，可得式（6-15）和式（6-16）。

$$V_{IL} = \frac{1}{4}\left(V_{TN} + \frac{3}{2}V_{DD}\right) \tag{6-15}$$

$$V_{IH} = \frac{1}{4}\left(\frac{5}{2}V_{DD} - V_{TN}\right) \tag{6-16}$$

在 CMOS 数字集成电路中，动态特性决定了整个系统的工作速度。而负载电容的充放电时间限制了电路的工作速度，所以减小负载电容是提高电路动态特性的关键。CMOS 反相器的负载电容主要由扇出电容、本级内部电容和连线电容组成。扇出电容主要指后级门电路的输入电容，该电容取决于该逻辑门驱动的扇出系数，并且通常较大。总扇出电容是每个后级门的输入电容的总和。本级内部电容是指连接到输出端的所有电容之和。连线电容是指器件之间的互连线所产生的寄生电容。随着工艺特征尺寸的不断缩小，器件面积越来越小，互连线相对较长，互连电容对电路的影响越来越不能忽略。

描述电路动态特性的时间参数主要有四个：上升时间 t_r、下降时间 t_f、上升传播延时 t_{PLH} 和下降传播延时 t_{PHL}。其中下降时间 t_f 是输出电平从满幅的 90% 降到 10% 的时间，相对应的电压为 V_1 和 V_0，如式（6-17）、式（6-18）所示。

$$V_0 = V_{OL} + 0.1(V_{OH} - V_{OL}) \tag{6-17}$$

$$V_1 = V_{OL} + 0.9(V_{OH} - V_{OL}) \tag{6-18}$$

上升时间 t_r 是输出电压从 V_0 上升到 V_1 的时间。下降传播延时 t_{PHL} 是输入变化 50% 到输出下降 50% 所需要的时间。上升传播延时 t_{PLH} 是输入变化 50% 到输出上升 50% 所需要的时间。当反相器输入电压发生改变时，对负载电容充放电。在放电时，PMOS 管截止，$I_{DP}=0$，所以可得式（6-19）和式（6-20）。

$$I_{DN} = -C_{out} \frac{dV_{out}}{dt} \tag{6-19}$$

$$t_f = \int_{V_{OH}}^{V_{OL}} dt = -C_{out} \int_{V_{OH}}^{V_{OL}} \frac{dV_{out}}{I_{DN} V_{out}} \tag{6-20}$$

输出电压 V_{out} 从 V_{OH} 下降到 V_{OL} 期间，NMOS 管经历了饱和与非饱和两个工作区，分别对应 t_{f1} 和 t_{f2}。根据饱和区与非饱和区的晶体管电流方程，可得式（6-21）和式（6-22）。

$$t_{f1} = -C_{out} \int_{V_{OH}}^{V_{OH}-V_{TN}} \frac{dV_{out}}{\dfrac{\beta_N}{2}(V_{OH} - V_{TN})^2} \tag{6-21}$$

$$t_{f2} = -C_{out} \int_{V_{OH}-V_{TN}}^{V_{OL}} \frac{dV_{out}}{\beta_N \left[(V_{OH} - V_{TN})V_{out} - \dfrac{V_{out}^2}{2} \right]} \tag{6-22}$$

利用积分表，可求得下降时间：

$$t_f = t_{f1} + t_{f2} = \tau_N \left\{ \frac{2V_{TN}}{V_{OH} - V_{TN}} + \ln \left[\frac{2(V_{OH} - V_{TN})}{V_{OL}} - 1 \right] \right\} \tag{6-23}$$

式中：

$$\tau_N = \frac{C_{out}}{\beta_N (V_{OH} - V_{TN})} \tag{6-24}$$

对反相器电路进行瞬态仿真，可测得下降时间，波形图如图6-13所示。

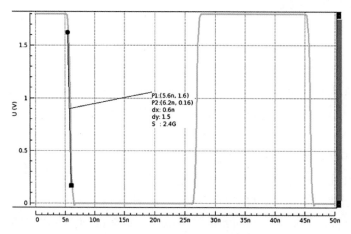

图6-13　下降时间仿真波形图

当电源电压 V_{DD} 通过 PMOS 管对 C_{out} 充电时，$V_{in}=0$，NMOS 管截止。在此期间，PMOS 管也经历了饱和与非饱和两个工作区。用与计算下降时间相类似的方法可以求出上升时间，如式（6-25）所示。

$$t_r = t_{r1} + t_{r2} = \tau_P \left\{ \frac{2|V_{TP}|}{V_{OH} + |V_{TP}|} + \ln \left[\frac{2(V_{OH} - |V_{TP}|)}{V_{OL}} - 1 \right] \right\} \tag{6-25}$$

式中：

$$\tau_P = \frac{C_{out}}{\beta_P (V_{OH} - |V_{TP}|)} \tag{6-26}$$

对反相器电路进行瞬态仿真，可测得上升时间，波形图如图6-14所示。

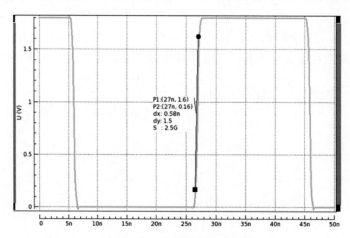

图6-14　上升时间仿真波形图

由式（6-23）～式（6-26）可以看出，当电路对称，即 $\beta_P = \beta_N$ 和 $V_{TN} = |V_{TP}|$ 时，$t_f = t_r$。最后，根据下降传播延时和上升传播延时的定义，可以求得：

$$t_{PHL} = \tau_N \left\{ \frac{2V_{TN}}{V_{OH} - V_{TN}} + \ln \left[\frac{4(V_{OH} - V_{TN})}{V_{OH} + V_{OL}} - 1 \right] \right\} \tag{6-27}$$

$$t_{\text{PLH}} = \tau_{\text{P}} \left\{ \frac{2|V_{\text{TP}}|}{V_{\text{OH}} - |V_{\text{TP}}|} + \ln\left[\frac{4(V_{\text{OH}} - |V_{\text{TP}}|)}{V_{\text{OH}} + V_{\text{OL}}} - 1 \right] \right\} \quad （6-28）$$

对反相器电路进行瞬态仿真，可测得下降传播延时和上升传播延时波形图如图 6-15 所示。

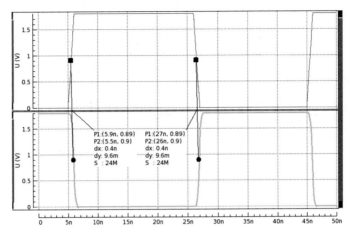

图6-15　下降传播延时和上升传播延时波形图

通常定义传播延时如式（6-29）所示。

$$t_{\text{P}} = \frac{1}{2}\left(t_{\text{PHL}} + t_{\text{PLH}} \right) \quad （6-29）$$

若电路对称，$\beta_{\text{P}} = \beta_{\text{N}}$、$V_{\text{TN}} = |V_{\text{TP}}|$、$V_{\text{OH}} = V_{\text{DD}}$、$V_{\text{OL}} = 0$，则平均延迟时间如式（6-30）所示。

$$t_{\text{P}} = \tau_{\text{N}} \left\{ \frac{2V_{\text{TN}}}{V_{\text{DD}} - V_{\text{TN}}} + \ln\left[\frac{4(V_{\text{DD}} - V_{\text{TN}})}{V_{\text{DD}}} - 1 \right] \right\} \quad （6-30）$$

习题

一、判断题

1. 提高电源电压，CMOS 反相器的传播延时会变小。 （　　）

2. 增加晶体管的 W/L 比，会使 CMOS 反相器的传播延时变大。 （　　）

3. 减小反相器的负载，会使 CMOS 反相器的传播延时变大。 （　　）

4. 提高电源电压，会使 CMOS 反相器的功耗变大。 （　　）

二、简答题

1. CMOS 反相器的输出电容由哪几部分构成？

2. 什么是反相器的开关阈值？

3. 反相器的阈值电压对反相器的特性有什么影响？

4. 什么是反相器的噪声容限？画图解释反相器的上升时间和下降时间。

5. 画出反相器的 VTC 图，并在图上标明 MOS 管的工作区。

6. 简述减小一个反相器传播延时的方法。

7. 简述低能量 - 功耗设计技术。

第 7 章

组合逻辑电路设计实例

▶▶ 思维导图

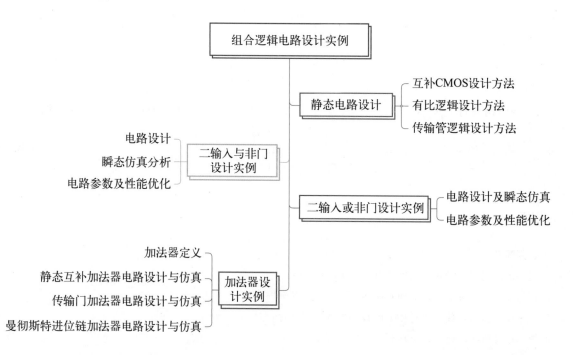

数字电路根据逻辑功能的不同特点，可以分为两大类，一类叫作组合逻辑电路（简称组合电路），另一类叫作时序逻辑电路（简称时序电路）。组合逻辑电路在逻辑功能上的特点是任意时刻的输出仅仅取决于该时刻的输入，与电路原来的状态无关。编码器、译码器、比较器和全加器等电路都是组合逻辑电路。而时序逻辑电路在逻辑功能上的特点是任意时刻的输出不仅取决于当时的输入信号，而且还取决于电路原来的状态，或者说，还与以前的输入有关。计数器和寄存器都是时序逻辑电路。本章我们将通过对典型组合逻辑电路设计实例的分析来掌握组合逻辑电路的设计方法。

7.1 静态电路设计

在静态电路中，每一时刻每个门的输出通过一个低阻路径连到电源或地上。同时在任何时候该门的输出即为该电路实现的布尔函数值（忽略在切换期间的瞬态效应）。静态逻辑电路中靠稳定的输入信号使 MOS 晶体管保持导通或截止状态，从而维持稳定的输出状态。输入信号存在，对应的输出状态存在；只要不断电，输出信息可以长久保持。

动态电路则依赖于把信号值暂时存放在高阻抗电路节点的电容上。动态逻辑电路中利用电容的存储效应来保存信息，即使输入信号不存在，输出状态也可以保持，但由于泄漏电流的存在，信息不能长期保持。动态电路的优点是所形成的门比较简单且比较快，但它的设计和工作比较复杂，并且由于对噪声敏感程度的增加而容易失败。

7.1.1 互补CMOS设计方法

互补 CMOS 电路属于应用很广的一类逻辑电路，即所谓的静态电路。静态互补 CMOS 实际上就是将静态 CMOS 反相器扩展为具有多个输入。用 NMOS 管组成的逻辑块和 PMOS 管组成的逻辑块分别代替反相器中的 NMOS 管和 PMOS 管。利用 NMOS 和 PMOS 的互补特性，使上拉网络和下拉网络轮流导通，实现逻辑功能，如图 7-1 所示。

在反相器基础上通过管子串并联构成的静态 CMOS 逻辑门有以下特点。

① 执行带"非"的逻辑功能，若输入信号为 $X_1, X_2, \cdots, X_n$，则输出为式（7-1）。

$$F = \overline{Y(X_1, X_2, \cdots, X_n)} \tag{7-1}$$

② 逻辑函数 $Y(X_1, X_2, \cdots, X_n)$ 决定管子的连接关系：NMOS 是按"串与并或"的规律组成；PMOS 逻辑块是按"串或并与"的规律组成。即 NMOS 管串联实现"与"逻辑，并联实现"或"逻辑，而 PMOS 正好相反。NMOS 网络逻辑函数与管子连接关系如图 7-2 所示。

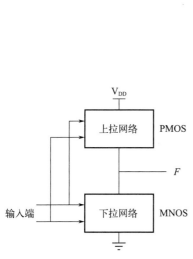

图 7-1　互补 CMOS 电路结构示意图

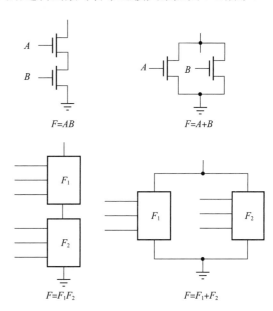

图 7-2　NMOS 网络逻辑函数与管子连接关系

③ 每个信号同时接一个 NMOS 管和一个 PMOS 管的栅极，因此对于 n 输入的逻辑门，需要 $2n$ 个 MOS 组成。

④ 静态 CMOS 逻辑门保持了 CMOS 反相器无比电路的优点。用静态 CMOS 逻辑门可以实现任意的带"非"的组合逻辑。在构成复杂逻辑门时，可以把 NMOS 管"串与并或"和 PMOS 管"串或并与"的规律推广到小逻辑块的串并关系，这样一层层串并叠加，原则上可以用静态逻辑门实现任意复杂的"与或非"的关系。

互补 CMOS 门继承了基本 CMOS 反相器的所有优点，具体特性如下。

① 全电压摆幅：CMOS 集成电路的逻辑高电平"1"、逻辑低电平"0"分别接近于电源高电位 V_{DD} 及电源低电位 V_{SS}。当 V_{DD}=1.8V、V_{SS}=0V 时，输出逻辑摆幅近似 1.8V。因此，CMOS 集成电路的电源电压利用系数在各类集成电路中指标是较高的。

② 高噪声容限：随着电源电压的增加，噪声容限电压的绝对值将成比例增加，电路抗干扰能力强。

③ 低输出阻抗：稳定状态输出接电源或地，输出阻抗低。

④ 高输入阻抗：由于有很高的输入阻抗，要求驱动电流很小。若以此电流来驱动同类门电路，其扇出系数将非常大。在低频时，无须考虑扇出系数，但在高频时，后级门电路的输入电容将成为主要负载，使其扇出能力下降。

⑤ 功耗低：稳定状态电源和地之间无通路，静态工作电流是目前所有数字集成电路中最小的，近似无静态功耗。

⑥ 传播延时与负载及输出阻抗有关。

7.1.2　有比逻辑设计方法

静态 CMOS 逻辑门利用 NMOS 和 PMOS 管的互补特性，使上拉网络和下拉网络轮流导通，从而获得较好的电路性能。这种电路的最大缺点是每个输入都需要 NMOS 和 PMOS 两个管子，因而不利于减小面积和提高集成度。在超大规模集成电路设计中，对某些性能要求不高，但希望面积尽可能小的电路，可以采用有比逻辑形式。有比逻辑试图减少实现一个给定逻辑功能所需要的晶体管数目，但它经常以降低稳定性和付出额外功耗为代价。在互补 CMOS 中，上拉网络的目的是当上拉网络关断时在 V_{DD} 和输出之间提供一条有条件的通路。在有比逻辑中，整个上拉网络被一个无条件的负载器件所替代，它上拉以得到一个高电平输出。这样的门不是采用有源的下拉和上拉网络的组合，而是由一个实现逻辑功能的 NMOS 下拉网络和一个简单的负载器件组成。如图 7-3 所示是有比逻辑的一个例子，它采用一个栅极接地的 PMOS 负载，这样的门称为伪 NMOS 门。

伪 NMOS 电路只用 NMOS 管串并联构成逻辑功能模块，上拉网络用一个常通的 PMOS 管代替复杂的 PMOS 逻辑功能块。对 n 输入逻辑门，伪 NMOS 电路只需要 $n+1$ 个 MOS 管。对多输入情况，可以比互补 CMOS 逻辑门节省近一半器件。

若保留上拉网络，整个下拉网络被一个无条件的负载器件所替代，它下拉以得到一个低电平输出。该电路由一个实现逻辑功能的 PMOS 上拉网络和一个简单的负载器件组成。如图 7-4 所示是有比逻辑的一个例子，它采用一个栅极接 V_{DD} 的 NMOS 负载，这样的门称为伪 PMOS 门。只用 PMOS 管串并联构成逻辑块实现逻辑功能，下拉通路用一个常通的 NMOS 管代替复杂的 NMOS 逻辑功能块。

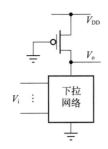

图7-3 伪NMOS逻辑

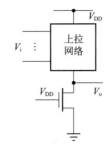

图7-4 伪PMOS逻辑

用伪 NMOS 或伪 PMOS 电路实现组合逻辑时，构成的特点与互补 CMOS 逻辑门中 PMOS 上拉网络和 NMOS 下拉网络构成特点一样。伪 NMOS 电路功能取决于 NMOS 下拉网络，伪 PMOS 电路功能取决于 PMOS 上拉网络。伪 NMOS 或伪 PMOS 电路也是实现最终带"非"的逻辑功能。

以伪 NMOS 为例，伪 NMOS 门的优点是减少了晶体管的数目（由互补 CMOS 中的 $2n$ 减少为 $n+1$）。该门额定输出高电压（V_{OH}）为 V_{DD}，因为当输出拉高时（假设 V_{OL} 低于 V_{TN}）下拉器件关断。另一方面，额定输出低电压不是 0V，因为在下拉网络和栅极接地的 PMOS 负载器件之间存在通路。这降低了噪声容限，但更重要的是引起了静态功耗。负载器件相对于下拉器件的尺寸可以用来调整诸如噪声容限、传播延时和功耗等参数。由于输出端的电压摆幅及门的总体功能取决于 NMOS 和 PMOS 的尺寸比，如式（7-2），所以该电路称为有比电路。这不同于像互补 CMOS 这样的无比逻辑类型，后者的高低电平与晶体管的尺寸无关。

$$V_{OL} = \frac{R_{PN}}{R_{PN} + R_L} \tag{7-2}$$

改善负载方式可以采用差分电路。通过差分电路建立一个能够完全消除静态电流和提供电源电压摆幅的有比逻辑方式是可能的。这样的一个门同时利用了两个概念：差分逻辑和正反馈。一个差分门要求每一个输入都具有互补的形式，同时它也产生互补的输出反馈机制，保证了在不需要负载器件时将其关断。这样的逻辑系列称为差分串联电压逻辑，如图 7-5 所示。下拉网络 PDN1 和 PDN2 采用 NMOS 器件，并且两者是互斥的，也就是当 PDN1 导通时 PDN2 关断，当 PDN1 关断时 PDN2 导通，这样同时实现了所需要的功能和与它相反的功能。现在假设对于给定的一组输入，使得 PDN1 导通而 PDN2 不导通，而 Out 和 $\overline{Out}$ 最初分别为高电平和低电平。使 PDN1 导通，则引起 Out 下拉，虽然在 M1 和 PDN1 之间仍存在竞争。由于 M2 和 PDN2 都关断，$\overline{Out}$ 处于高阻抗状态。PDN1 必须足够强，使 Out 低于 $V_{DD}-|V_{TP}|$，此时 M2 导通并开始对 Out 充电至 V_{DD}，最终将 M1 关断，这又使 Out 放电至 V_{SS}。

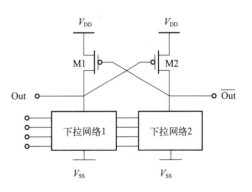

图7-5 差分串联电压逻辑

所得到的电路具有电源电压的摆幅并消除了静态功耗：在稳定状态，任何一边由 NMOS 管堆叠的下拉网络和相应的 PMOS 负载器件不会同时导通。然而这一电路仍然是有比的，因为 PMOS 器件相对于下拉器件的尺寸不仅对电路的性能很重要，而且对于它的功能也是非常关键的。除了会增加设计的复杂性，这一电路类型在翻转期间 PMOS 和下拉网络会同时导通一段时间，从而产生一条短路路径。

7.1.3　传输管逻辑设计方法

【例 7-1】验证 NMOS 及 PMOS 传输管的开关特性。

MOS 管可以作为开关使用，若导通即将输入端的信号传输到输出端，称之为传输管。NMOS 构成的传输管电路如图 7-6 所示。

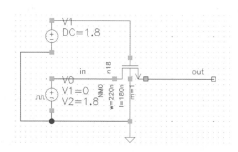

图7-6　NMOS构成的传输管电路

当栅压等于 0 时，MOS 管截止，相当于开关断开，输出和输入状态无关。当栅压等于 V_{DD} 时，传输管导通，相当于开关合上，输出取决于输入。当 $V_{in}=V_{DD}$ 时，$V_{out}=V_{DD}-V_{TN}$。这表示在传输逻辑信号 "1" 时，经过 NMOS 传输管后信号会衰减一个阈值电压大小。当 $V_{in}=0$ 时，输出电压可以降至 V_{SS}，所以传输逻辑信号 "0" 时不会产生失真，如图 7-7 所示。

综上所述，当 NMOS 管传输信号 "0" 时，可以无损地传输信号；当传输信号 "1" 时，信号传输有损失。

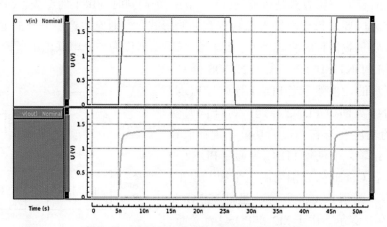

图7-7　NMOS传输管输出电压失真仿真图

用与分析 NMOS 传输管类似的方法，分析 PMOS 传输管的工作过程，电路图如图 7-8 所示。当栅压等于 V_{DD} 时，PMOS 管截止，相当于开关断开。当栅压等于 0 时，PMOS 管导通，输出取决于输入电压。当 $V_{in}=0$ 时，$V_{out}=V_{TP}$。这表示在传输逻辑信号 "0" 时，经过 PMOS 传输管后信号会失真一个阈值电压大小。当 $V_{in}=V_{DD}$ 时，输出电压 $V_{out}=V_{DD}$，所以传输逻辑信号 "1" 时不会产生失真，如图 7-9 所示。

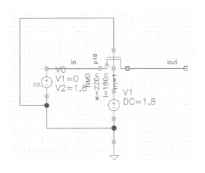

图7-8 PMOS构成的传输管电路

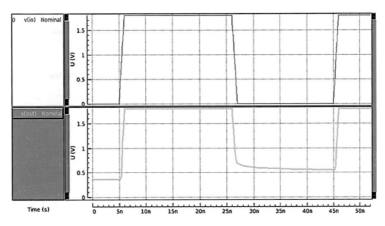

图7-9 PMOS传输管输出电压失真仿真图

综上所述,当PMOS管传输信号"1"时,可以无损地传输信号;当传输信号"0"时,信号传输有失真。

为了解决NMOS管和PMOS管在传输时的信号损失问题,结合两种传输管的特性,可以建立传输门,使其可在传输"1"和"0"时都不会失真,这就是常用的CMOS传输门结构,如图7-10所示。

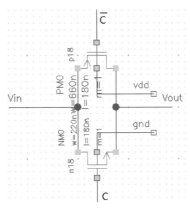

图7-10 CMOS传输门结构

在电路设计中,CMOS传输门最基本的用途是作为双向开关,导通电阻不超过数百欧姆,截止电阻却可达到千兆欧姆以上。传输信号的失真很小,是一种很好的无触点模拟开关。在

CMOS 逻辑电路中，传输门是一种无处不在的逻辑电路，传输门的工作如同一个电压控制的电阻，连接其输入输出。设 $C=V_{DD}$，则传输门导通。

当 $V_{in}=V_{DD}$ 时，根据电流的流通方向，NMOS 管与输入端相连的端口是漏极，与输出端相连的是源极。PMOS 管的情况正好相反，与输入端相连的是源极，与输出端相连的是漏极。对于 NMOS 管，可得式（7-3）和式（7-4）。

$$V_{DSN}=V_{DD}-V_{out} \tag{7-3}$$

$$V_{GSN}=V_{DD}-V_{out}=V_{DSN} \tag{7-4}$$

因此 NMOS 管在输入电压一出现就导通并处于饱和工作状态。在输出电压上升到 $V_{out}=V_{DD}-V_{TN}$ 时，V_{GSN} 降至它的阈值电压 V_{TN} 而达到截止状态。对于 PMOS 管，其电压关系如式（7-5）和式（7-6）所示。

$$V_{SDP}=V_{DD}-V_{out} \tag{7-5}$$

$$V_{SGP}=V_{DD} \tag{7-6}$$

栅 - 源电压在输入到来后一直保持不变。开始时，晶体管处于饱和状态，当输出电压增大到 $|V_{TP}|$ 后，晶体管输入非饱和状态，输入电压一直可增大至 V_{DD}。传输门的等效电阻是两个晶体管等效电阻的并联，如式（7-7）所示。

$$R_{eq}=\frac{R_N R_P}{R_N+R_P} \tag{7-7}$$

当输出电压达到 $V_{out}=V_{DD}-V_{TN}$ 时，NMOS 管截止，传输门的等效电阻完全由 PMOS 管的导通电阻决定。由于 NMOS 管和 PMOS 管的互补作用，使得传输门总的等效电阻变化趋于平坦。

当 $V_{in}=0$ 时，考虑到电流流通的方向，CMOS 传输门中 NMOS 和 PMOS 的漏极与源极互换，各电压的关系如式（7-8）～式（7-11）所示。

$$V_{DSN}=V_{out} \tag{7-8}$$

$$V_{GSN}=V_{DD} \tag{7-9}$$

$$V_{SDP}=V_{out} \tag{7-10}$$

$$V_{SGP}=V_{out}=V_{SDP} \tag{7-11}$$

可见当 V_{out} 从 V_{DD} 开始下降时，PMOS 管导通且处于饱和状态，直到输出电压 V_{out} 降至它的阈值电压 $|V_{TP}|$ 时转入截止状态。NMOS 管在开始时处于饱和状态，当 V_{out} 降至 $V_{DD}-V_{TN}$ 后转入非饱和状态。

7.2 二输入与非门设计实例

【例 7-2】设计二输入与非门并进行性能仿真优化。

二输入与非门是组合逻辑电路中的基本逻辑器件，有两个输入端 A、B 和一个输出端 F。逻辑方程式如式（7-12）所示。二输入与非门真值表如表 7-1 所示。

$$F=\overline{AB} \tag{7-12}$$

表 7-1　二输入与非门真值表

输入端		输出端
A	B	F
0	0	1
0	1	1
1	0	1
1	1	0

7.2.1　电路设计

在 CMOS 反相器的基础上，通过在 PMOS 和 NMOS 上并联或串联地附加一些 MOS 管，就很容易构成与非门，二输入与非门电路如图 7-11 所示。

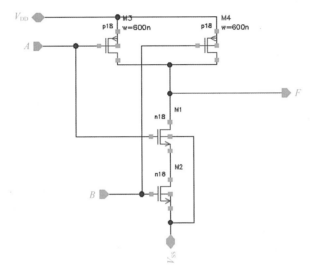

图7-11　二输入与非门电路

在标准的 CMOS 电路中，每个输入信号同时加到一对 NMOS 管和 PMOS 管的栅极上，NMOS 管和 PMOS 管则以互补的方式连接。图 7-11 中两个 NMOS 管串联，两个 PMOS 管则接成对偶的并联。NMOS 管的衬底接地，PMOS 管的衬底接电源 V_{DD}。

当 $A=B=0$ 时，NMOS 管截止，PMOS 管导通，F 通过导通的 PMOS 管上拉网络连接到 V_{DD}，输出高电平。

当 $A=1$、$B=0$ 时，M1 导通，M2 截止，下拉网络不导通。M3 截止，M4 导通，F 通过导通的 M4 管连接到 V_{DD}，输出高电平。

当 $A=0$、$B=1$ 时，M2 导通，M1 截止，下拉网络不导通。M4 截止，M3 导通，F 通过导通的 M3 管连接到 V_{DD}，输出高电平。

当 $A=B=1$ 时，PMOS 管截止，NMOS 管导通，F 通过导通的 NMOS 管下拉网络连接到 GND，输出低电平。

因此，F 和 A、B 之间为与非关系。通过电路的工作过程可以发现输出端总是连到 V_{DD} 或者 GND，但绝不会同时连到二者。同时互补逻辑在本质上是反相的，只能实现与非、或非等功能。如果需要实现非反相的函数，如与门、或门等，需要在输出端额外增加一级反相器。实现一个具有 N 输入的逻辑门锁需要的晶体管数目至少是 $2N$ 个。

7.2.2 瞬态仿真分析

对与非门电路进行瞬态仿真，仿真波形图如图 7-12 所示。由波形图可以读出输入输出之间的逻辑关系，跟与非门真值表相对照，验证该门电路的功能确实为与非门逻辑，从而证明电路功能正确。

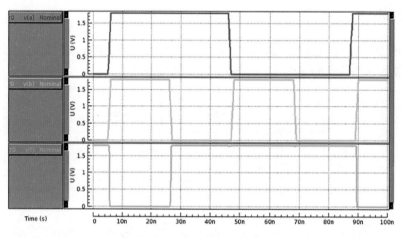

图 7-12　与非门瞬态仿真波形图

晶体管的驱动能力是用其导电因子 β 来表示的，β 越大，驱动能力越强。由多个晶体管通过串联和并联组成的简单逻辑电路，可以求其等效导电因子。N 个管子串联使用时，等效因子如式（7-13）所示。N 个管子并联使用时，等效因子如式（7-14）所示。

$$\beta_{\mathrm{eff}} = \frac{1}{\displaystyle\sum_{i=1}^{N} \frac{1}{\beta_i}} \tag{7-13}$$

$$\beta_{\mathrm{eff}} = \sum_{i=1}^{N} \beta_i \tag{7-14}$$

与非门由两个 PMOS 管并联、两个 NMOS 管串联构成，可以通过导电因子分析与非门的延迟时间。与非门不同的工作状态下导电因子分别为：

① 当 $A=B=1$ 时，下拉网络的等效导电因子 $\beta_{\mathrm{neff}}=\beta_{\mathrm{n}}/2$。

② 当 $A=B=0$ 时，上拉网络的等效导电因子 $\beta_{\mathrm{peff}}=2\beta_{\mathrm{p}}$。

③ 当 A、B 一个为 0、一个为 1 时，上拉网络的等效导电因子 $\beta_{\mathrm{peff}}=\beta_{\mathrm{p}}$。

综合以上情况，下拉网络导通时，NMOS 管必须全部导通，相当于两个晶体管串联工作，等效导电因子为 β_{n} 的一半。上拉网络导通时，最坏情况下，PMOS 管导通一个，等效导电因子与 β_{p} 相同。可计算电路的上升、下降时间如式（7-15）和式（7-16）所示。

$$t_{\mathrm{r}} = K \frac{C_{\mathrm{L}}}{\beta_{\mathrm{p}} V_{\mathrm{DD}}} \tag{7-15}$$

$$t_f = K \frac{C_L}{\frac{\beta_n}{2} V_{DD}} \tag{7-16}$$

与非门上升时间、下降时间仿真波形图如图 7-13 所示。

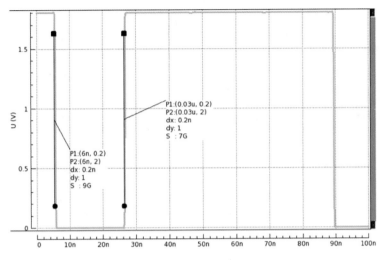

图7-13 与非门上升时间、下降时间仿真波形图

传播延时的分析方式与反相器类似。每个晶体管都模拟成一个电阻与一个理想开关串联。逻辑门变换成一个包括内部节点电容在内的等效 RC 电路。与非门传播延时仿真图如图 7-14 所示。

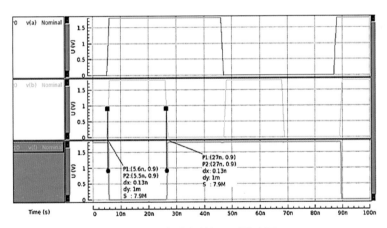

图7-14 与非门传播延时仿真图

7.2.3 电路参数及性能优化

由于与非门电路中各晶体管衬底电位可能不一致，用 V_{TN} 和 V_{TP} 分别表示 N 管和 P 管的阈值电压，从而讨论与非门的直流传输特性。输出电压高电平是 V_{DD}，它对应着以下三种输入的组合：$V_A = 0$，$V_B = 0$；$V_A = V_{DD}$，$V_B = 0$；$V_A = 0$，$V_B = V_{DD}$。当两个输入电压同时增大至与非门的阈值电压 V_T 时，输出电平转变成低电平。显然，由于电路工作状态不同，当 V_A 和 V_B 从零同时增大时，与非门的阈值电压不同于一个输入电压固定在 V_{DD}，另一个输入增大时与非

门的阈值电压。

① V_A 和 V_B 从零同时增大。设 $V_{GS2}=V_T$ 时与非门翻转，可得：

$$V_{GS1}=V_T-V_{DS2} \tag{7-17}$$

在与非门翻转点有 $V_{in}=V_{out}=V_T$，所以可得：

$$V_T=V_{DS1}+V_{DS2} \tag{7-18}$$

由上面的两个公式得 $V_{GS1}=V_{DS1}$，晶体管 M1 处于饱和状态，电流方程为：

$$I_D = \frac{\beta_n}{2}\left(V_T - V_{TN} - V_{DS2}\right)^2 \tag{7-19}$$

由于晶体管 M2 与 M1 的 β_n 相同但 $V_{GS2} > V_{GS1}$，因此晶体管 M2 工作在非饱和区，其电流方程为：

$$I_D = \beta_n\left[\left(V_T - V_{TN}\right)V_{DS2} - \frac{V_{DS2}^2}{2}\right] \tag{7-20}$$

由式（7-19）可得：

$$V_{DS2} = \left(V_T - V_{TN}\right) - \sqrt{\frac{2I_D}{\beta_n}} \tag{7-21}$$

将上式代入式（7-17）可得：

$$V_T - V_{TN} = 2\sqrt{\frac{I_D}{\beta_n}} \tag{7-22}$$

对于 PMOS 管 M3 和 M4，其栅 - 源电压与漏 - 源电压分别为：

$$V_{SG3}=V_{SG4}=V_{DD}-V_T \tag{7-23}$$

$$V_{SD3}=V_{SD4}=V_{DD}-V_T \tag{7-24}$$

M3 和 M4 处于饱和工作状态，则有：

$$I_{DG3} = I_{DG4} = \frac{\beta_p}{2}\left(V_{DD} - V_T - |V_{TP}|\right)^2 \tag{7-25}$$

M3 和 M4 两个管子的总电流为：

$$I_D = 2I_{DG3} = \beta_p\left(V_{DD} - V_T - |V_{TP}|\right)^2 \tag{7-26}$$

将上式代入式（7-22），在电路完全互补对称时有 $\beta_p=\beta_n$，$V_{TN}=|V_{TP}|$，这样，可得：

$$V_T = \frac{2V_{DD} - V_{TN}}{3} \tag{7-27}$$

② $V_A=V_{DD}$，V_B 从零增大到 V_T 时，与非门翻转，输出从高电平降至低电平。电路中各电压关系如式（7-28）和式（7-29）所示。

$$V_{GS1}=V_T-V_{DS2} \tag{7-28}$$

$$V_{DS1}+V_{DS2}=V_{out}=V_T \tag{7-29}$$

与第一种情况相同，$V_{GS1}=V_{DS1}$，M1 处于饱和状态，M2 处于非饱和状态，其电流分别是：

$$I_{D1} = \frac{\beta_n}{2}\left(V_{GS1} - V_T\right)^2 = \frac{\beta_n}{2}\left(V_T - V_{TN} - V_{DS2}\right)^2 \qquad (7\text{-}30)$$

$$I_{D2} = \beta_n\left[\left(V_{DD} - V_{TN}\right)V_{DS2} - \frac{V_{DS2}^2}{2}\right] \qquad (7\text{-}31)$$

由于两管串联，电流相等，$I_{D1}=I_{D2}=I_D$，可得：

$$V_{DS2} = \left(V_T - V_{TN}\right) - \sqrt{\frac{2I_D}{\beta_n}} \qquad (7\text{-}32)$$

考虑 PMOS 管，因为 $V_{GS4}=0$，晶体管 M4 截止，M3 处于饱和状态，可得：

$$I_D = \frac{\beta_p}{2}\left(V_{DD} - V_T - \left|V_{TP}\right|\right)^2 \qquad (7\text{-}33)$$

在 $\beta_n=\beta_p$ 和 $V_{TN}=\left|V_{TP}\right|$ 的条件下，由上述各式可求得：

$$V_T = \left(V_{DD} - 0.6V_{TN}\right) - \frac{1}{5}\sqrt{5V_{DD}^2 - 10V_{DD}V_{TN} + 4V_{TN}^2} \qquad (7\text{-}34)$$

③ $V_B=V_{DD}$，V_A 从零增大到 V_T 时的分析计算与第二种情况时的分析计算相同，此处不再详细描述。

综合上面三种情况，按照 V_T 为已知条件来设计二输入与非门时，可以考虑第一种情况，即以 V_A 和 V_B 同时增长至 V_T 时与非门翻转的情形来进行设计，可得：

$$\frac{\beta_p}{\beta_n} = \frac{\left[\left(V_T - V_{TN}\right)\right]^2}{4\left(V_{DD} - V_T - \left|V_{TP}\right|\right)^2} \qquad (7\text{-}35)$$

在实际应用中也可将三种情况的阈值电压取其平均值作为与非门的阈值电压 V_T。二输入与非门阈值电压仿真波形图如图 7-15 所示。根据 V_T 即可由式（7-35）求出 β_n 和 β_p 之间的关系。在工艺条件固定时，β 完全由器件尺寸宽长比所决定。因此 CMOS 与非门中 β_n 和 β_p 间关系确定就意味着相应两种管子几何尺寸关系被确定。

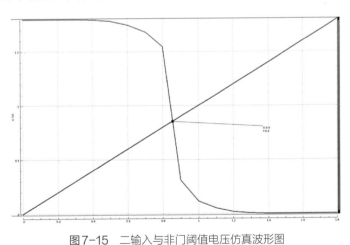

图7-15　二输入与非门阈值电压仿真波形图

二输入或非门设计实例

【例 7-3】设计二输入或非门并进行性能仿真优化。

二输入或非门有两个输入端 A、B 和一个输出端 F。逻辑方程式如式（7-36）所示。二输入或非门真值表如表 7-2 所示。

$$F = \overline{A + B} \qquad (7-36)$$

表 7-2　二输入或非门真值表

输入端		输出端
A	B	F
0	0	1
0	1	0
1	0	0
1	1	0

7.3.1　电路设计及瞬态仿真

电路由并联的 N 型网络和串联的 P 型网络组成。二输入或非门电路如图 7-16 所示。

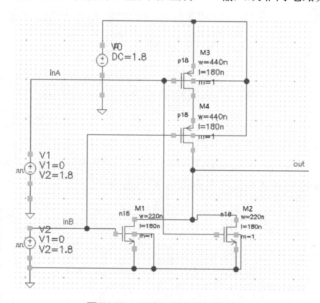

图 7-16　二输入或非门电路图

当输入端 A、B 中只需有一个为高电平时，就会使与它相连的 NMOS 管导通，与它相连的 PMOS 管截止，输出为低电平；仅当 A、B 全为低电平时，两个并联 NMOS 管都截止，两个串联的 PMOS 管都导通，输出为高电平。

对或非门电路进行瞬态仿真，仿真波形图如图 7-17 所示。由波形图可以读出输入输出之间的逻辑关系，跟或非门真值表相对照，验证该门电路的功能确实为或非门逻辑，从而证明电路功能正确。

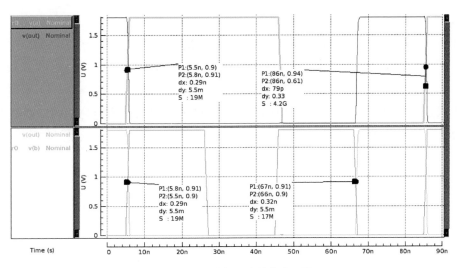

图7-17　或非门瞬态仿真波形图

7.3.2　电路参数及性能优化

两输入或非门中两个 NMOS 管接成并联形式，PMOS 管则对偶地接成串联。它们的衬底分别接到零电位和电源电压高电平 V_{DD}。

① V_A 和 V_B 从零同时增大至 V_{TH} 时或非门电平翻转。这时由于 $V_{GS1}=V_{GS2}=V_{DS1}=V_{DS2}=V_{TH}$，可见晶体管 M1 和 M2 都处于饱和状态，流过 M1 和 M2 的电流相等，而总电流为：

$$I_D = I_{D1} + I_{D2} = \beta_N (V_{TH} - V_{TN})^2 \tag{7-37}$$

PMOS 晶体管 M3 和 M4 串联，有：

$$V_{GS3} = V_{TH} - V_{DD} \tag{7-38}$$

$$V_{GS4} = V_{TH} - V_{DS3} - V_{DD} \tag{7-39}$$

可见 M3 处于非饱和状态，M4 处于饱和状态，其电流方程如下：

$$I_D = I_{D3} = \beta_P \left[\left(V_{DD} - V_{TH} - |V_{TP}| \right) V_{DS3} - \frac{V_{DS3}^2}{2} \right] \tag{7-40}$$

$$I_D = I_{D4} = \frac{\beta_P}{2} \left(V_{DD} - V_{TH} - |V_{TP}| + V_{DS3} \right)^2 \tag{7-41}$$

求解上述方程可得：

$$V_{TH} = \frac{V_{TN} + \frac{1}{2} \sqrt{\frac{\beta_P}{\beta_N}} \left(V_{DD} - |V_{TP}| \right)}{1 + \frac{1}{2} \sqrt{\frac{\beta_P}{\beta_N}}} \tag{7-42}$$

在 $\beta_N = \beta_P$ 和 $V_{TN} = |V_{TP}| = V_T$ 时，上式简化为：

$$V_{TH} = \frac{V_{DD} + V_T}{3} \tag{7-43}$$

通常它不等于 $V_{DD}/2$。

② $V_A=V_{GS1}=0$，V_B 由 0 增大至 V_{TH}，这时晶体管 M1 截止，M2 饱和，其电流方程为：

$$I_D = \frac{\beta_N}{2}\left(V_{TH} - V_{TN}\right)^2 \tag{7-44}$$

在串联连接的 PMOS 管中，或非门翻转时，M4 的漏极与栅极电位相同，都是 V_{TH}，因此 M4 处于饱和工作状态。这时有：

$$V_{GS4} = V_{TH} - V_{DS3} - V_{DD} \tag{7-45}$$

它的电流方程为：

$$I_{D4} = I_D = \frac{\beta_P}{2}\left(V_{DD} - V_{TH} - |V_{TP}| + V_{DS3}\right)^2 \tag{7-46}$$

由于 PMOS 晶体管 M3 处于非饱和状态，有：

$$I_{D3} = I_D = \beta_P\left[\left(V_{DD} - |V_{TP}|\right)V_{DS3} - \frac{V_{DS3}^2}{2}\right] \tag{7-47}$$

设 $\beta_P=\beta_N$，$|V_{TP}|=V_{TN}=V_T$，可以求得两输入 CMOS 或非门的阈值电压为：

$$V_{TH} = 0.6V_T + 0.2\sqrt{5V_{DD}^2 - 10V_{DD}V_T + 4V_T^2} \tag{7-48}$$

③ $V_B=V_{GS2}=0$，V_A 由 0 增大至 V_{TH}，这种情况的分析与第②种情况完全相同，可以不再进行推导。

综合上面三种情况，两输入 CMOS 或非门的直流传输特性曲线如图 7-18 所示。

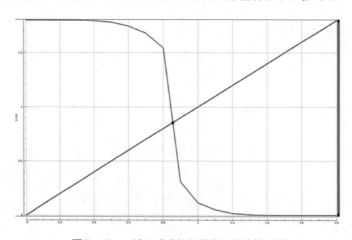

图7-18　二输入或非门阈值电压仿真波形图

7.4　加法器设计实例

加法器是进行求和的装置。加数和被加数为输入，和与进位为输出的装置为半加器。若加数、被加数与低位的进位为输入，而和与进位为输出则为全加器。常用作计算机算术逻辑部件，执行逻辑操作、移位与指令调用。

7.4.1 加法器定义

加法器的真值表如表 7-3 所示。

表 7-3 加法器真值表

输入端			输出端	
A	B	C_i	S	C_o
0	0	0	0	0
0	1	0	1	0
1	0	0	1	0
1	1	0	0	1
0	0	1	1	0
0	1	1	0	1
1	0	1	0	1
1	1	1	1	1

由真值表可得 S 和 C_o 的逻辑函数为：

$$S = A \oplus B \oplus C_i = ABC_i + A\overline{B}\,\overline{C_i} + \overline{A}B\overline{C_i} + \overline{A}\,\overline{B}C_i \tag{7-49}$$

$$C_o = AB + AC_i + BC_i = AB + C_i(A + B) \tag{7-50}$$

从实现的角度把 S 和 C_o 定义为某些中间信号 G、D 和 P 的函数：

$$\begin{aligned} G &= AB \\ D &= \overline{A}\,\overline{B} \\ P &= A \oplus B \end{aligned} \tag{7-51}$$

G 和 P 仅是 A 和 B 的函数，与 C_i 无关。

7.4.2 静态互补加法器电路设计与仿真

【例 7-4】设计静态互补加法器并进行仿真。

静态互补 CMOS 门是上拉网络和下拉网络的组合，所有的输入都同时分配到上下拉网络。上拉网络的作用是每当逻辑门的输出意味着逻辑 1 时将提供一条在输出和 V_{DD} 之间的通路。同样，下拉网络的作用是当逻辑门的输出为逻辑 0 时把输出连至低电平。上下拉网络是以相反的方式构成的，在稳定状态时两个网络中有且只有一个导通。构成上下拉网络时应当注意以下几点。

① 一个晶体管可以看成一个由其栅信号控制的开关。当栅极是高电平时 NMOS 导通，当栅极是低电平时截止。而 PMOS 管工作状态相反，栅极低电平时导通，高电平时截止。

② 下拉网络由 NMOS 管构成，上拉网络由 PMOS 管构成。

③ NMOS 串联相当于"与"逻辑，并联相当于"或"逻辑。PMOS 并联相当于"与"逻辑，串联相当于"或"逻辑。

④ 互补 CMOS 结构的上拉网络和下拉网络互为对偶关系。上拉网络中串联的晶体管相应于在下拉网络中对应器件的串联，反之亦然。因此为了构成一个 CMOS 门，可以用串、

并联器件的组合来实现其中一个网络，而另一个网络可以通过对偶原理来实现。

⑤ 互补 CMOS 门是反相的，只能实现与非、或非等逻辑。若要构成非反相的逻辑，需要额外增加一级反相器。

⑥ 实现一个具有 N 个输入的逻辑门所需要的晶体管数目至少为 $2N$。

若要搭建加法器电路需要用到反相器。反相器电路在第 6 章实例中已完成设计和优化，本章可以直接调用来完成电路的设计，如没有性能上的特殊需求则无须重新设计。加法器电路图如图 7-19 所示。

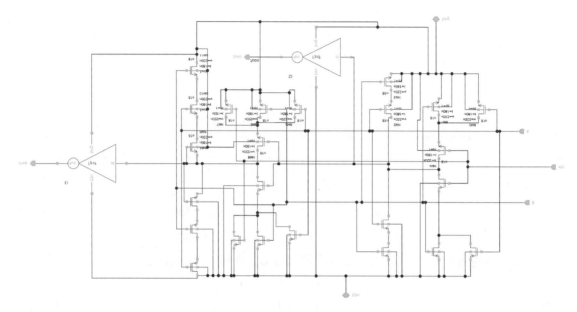

图7-19 静态互补加法器电路图

对电路进行功能仿真，仿真图如图 7-20 所示。

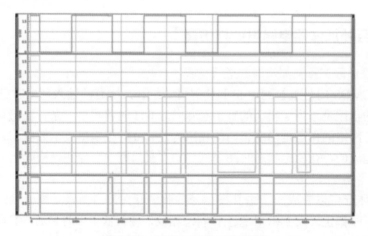

图7-20 静态互补加法器仿真图

7.4.3 传输门加法器电路设计与仿真

【例 7-5】设计传输门加法器并进行仿真。

传输门结构可以解决 NMOS 和 PMOS 传输管在传输信号时的电平损失，所以不会有信号失真，可以用来搭建逻辑电路。传输门电路图如图 7-21 所示。在 CMOS 逻辑中，传输门是基本的逻辑电路。传输门的工作如同一个电压控制的电阻，连接其输入输出。工作时，NMOS 管的衬底接地，PMOS 管的衬底接电源，且 NMOS 管栅压 V_{GN} 与 PMOS 管的栅压 V_{GP} 极性相反。当 $V_{GN}=0$，$V_{GP}=1$ 时，传输门截止，相当于开关断开。当 $V_{GN}=1$，$V_{GP}=0$ 时，传输门导通，输出随输入变化。

对传输门进行直流扫描分析，可得电压传输特性曲线如图 7-22 所示。

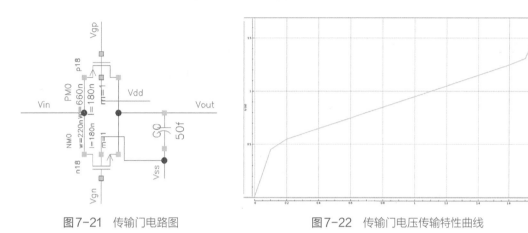

图 7-21 传输门电路图　　　　　　　　图 7-22 传输门电压传输特性曲线

其工作过程如下：

① $V_{in}=V_{DD}$，即输入为高电平时，输出随输入变化，且对负载电容充电至 V_{DD}，两个传输管有下列 3 种工作状态。

a. $V_{in}<|V_{TP}|$：PMOS 管截止，NMOS 管导通，V_{in} 通过 NMOS 管对电容充电至 $V_{out}=V_{in}$。

b. $|V_{TP}|<V_{in}<V_{GN}-V_{TN}$：两管均导通，$V_{in}$ 通过两管对电容充电至 $V_{out}=V_{DD}$。

c. $V_{in}>V_{GN}-V_{TN}$：PMOS 管导通，NMOS 管截止，V_{in} 通过 PMOS 管对电容充电至 $V_{out}=V_{DD}$。

② $V_{in}=V_{ss}$，即输入为低电平时，输出随输入变化，负载电容放电至 V_{ss}，两个传输管有下列 3 种工作状态。

a. $V_{GN}-V_{TN}<V_{out}$：PMOS 管饱和，NMOS 管饱和，V_{out} 通过两管对电容放电。

b. $|V_{TP}|<V_{out}<V_{GN}-V_{TN}$：NMOS 管导通，PMOS 管饱和，$V_{out}$ 通过两管对电容放电。

c. $V_{out}<|V_{TP}|$：NMOS 管导通，PMOS 管截止，V_{out} 通过 NMOS 管对电容放电至 V_{ss}。

传输门在阶跃电压作用下 NMOS 管和 PMOS 管的工作状态如表 7-4 所示。

表 7-4 传输门各管工作状态

输出电压 V_{out}	NMOS管	PMOS管
$0 \sim |V_{TP}|$	饱和	饱和
$|V_{TP}| \sim V_{DD}-V_{TN}$	饱和	非饱和
$V_{DD}-V_{TN} \sim V_{DD}$	截止	非饱和

传输门导通时 NMOS 管在饱和状态下的导通电阻为：

$$R_N = \frac{V_{DSN}}{I_{DN}} = \frac{2(V_{DD}-V_{out})}{\beta_N(V_{DD}-V_{out}-V_{TN})^2} \qquad (7\text{-}52)$$

在 PMOS 管处于饱和状态时，它的导通电阻为：

$$R_\text{P} = \frac{V_\text{DSP}}{I_\text{DP}} = \frac{2\left(V_\text{DD} - V_\text{out}\right)}{\beta_\text{N}\left(V_\text{DD} - |V_\text{TP}|\right)^2} \tag{7-53}$$

当输出电压 V_out 增至 $|V_\text{TP}|$ 后，PMOS 管进入非饱和工作状态时的等效电阻为：

$$R_\text{P} = \frac{2}{\beta_\text{P}\left[2\left(V_\text{DD} - |V_\text{TP}|\right) - \left(V_\text{DD} - V_\text{out}\right)\right]} \tag{7-54}$$

对于 PMOS 管，由于源极与衬底之间处于同电位，即 $V_\text{BSP}=0$，上式中的 $V_\text{TP}=V_\text{TP0}$。对于 NMOS 管，由于源极与衬底间有电位差 $V_\text{BSN}=V_\text{out}$，其阈值电压计算如下：

$$V_\text{TN} = V_\text{TN0} + \gamma\left(\sqrt{2\phi_\text{F} + V_\text{out}} - \sqrt{2\phi_\text{F}}\right) \tag{7-55}$$

传输门的等效电阻是两个晶体管等效电阻的并联，即为：

$$R_\text{eq} = \frac{R_\text{N} R_\text{P}}{R_\text{N} + R_\text{P}} \tag{7-56}$$

当输出电压达到 $V_\text{out}=V_\text{DD}-V_\text{TN}$ 时，NMOS 管截止，传输门的等效电阻完全由 PMOS 管的导通电阻决定。由于 NMOS 管和 PMOS 管的互补作用，使得传输门总的等效电阻变化趋于平坦。

在输入电压的作用下传输门的输出电压可以近似地表示为：

$$V_\text{out}(t) \approx V_\text{DD}(1 - \text{e}^{-t/\tau}) \tag{7-57}$$

式中

$$\tau = R_\text{eq} C_\text{out} \tag{7-58}$$

称为 CMOS 传输门的时间常数，其中，C_out 是传输门等效输出电容。它说明了传输门的瞬态特性。由式（7-52）～式（7-56）可见，增加晶体管的宽长比 $(W/L)_\text{N}$ 和 $(W/L)_\text{P}$ 就能增加导电系数 β_N 和 β_P，从而降低导通电阻，改善传输门的导通特性。从物理意义上看，器件尺寸增大，相当于增大了对 C_out 的充电电流，因而缩短了它的瞬态过程。

基于以上分析可知，CMOS 传输门是比较理想的开关，可将信号无失真地传输到输出端。用传输门设计加法器，可以实现管子数量少、版图面积小的优点。相关公式如下：

$$S = A \oplus B \oplus C = \overline{C_\text{i} \overline{P}} + C_\text{i} P \tag{7-59}$$

$$C_\text{o} = AB + AC_\text{i} + BC_\text{i} = \overline{C_\text{i} P} + \overline{AP} \tag{7-60}$$

$$C_\text{i} = \overline{AB} + \overline{C_\text{i}}\left(\overline{A}B + A\overline{B}\right) \tag{7-61}$$

传输门型加法器电路图如图 7-23 所示，仿真波形图如图 7-24 所示。

7.4.4　曼彻斯特进位链加法器电路设计与仿真

【例 7-6】设计曼彻斯特加法器并进行仿真。

串行进位链的缺点在于一级等一级，速度慢，因此需要设法寻求可以直接传输进位的方法。曼彻斯特进位链是目前普遍采用的一种直接传输快速进位链，其结构如图 7-25 所示。

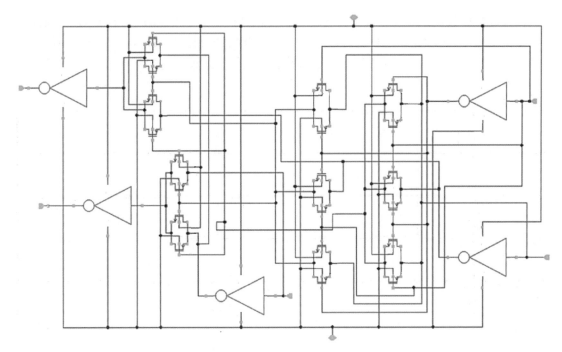

图7-23 传输门型加法器电路图

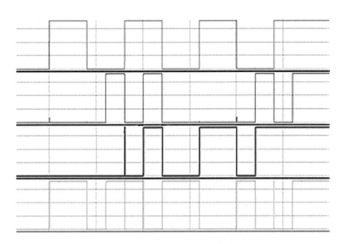

图7-24 传输门型加法器仿真波形图

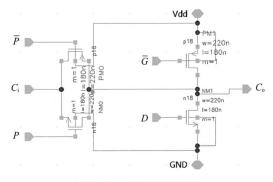

图7-25 曼彻斯特结构图

低位进位输入 C_i，向高位传输，输出 C_o，传输过程决定于本位的 P、D 和 G，进而由本位的 A 和 B 输入信号决定。这样就可以考虑由 A 和 B 组成控制信号来控制一定结构的传输门，使进位信号直接由低位向高位传输，不必等待各位运算的结果。曼彻斯特加法器仿真波形图如图 7-26 所示。

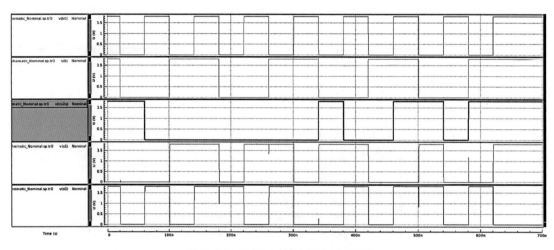

图7-26　曼彻斯特加法器仿真波形图

此外，使用动态逻辑可以更加简化，传输门也只需要使用单管，并且不需要进位取消电路。

习题

一、判断题

1. 静态互补 CMOS 实现一个具有 N 个输入的逻辑门所需的晶体管数目为 $2N$。　　　　（　　）

2. 互补 CMOS 门的传播延时与输入模式无关。　　　　（　　）

二、名词解释

1. 有比逻辑

2. 无比逻辑

三、简答题

1. 试用 CMOS 逻辑电路实现函数：$F=AB+BC+AC$。

2. 试用传输门实现函数：$F=A\bar{S}+BS$。

3. 如何划分 CMOS 传输门的三个工作区？

4. 设计一个三输入的或非门。

5. 设计一个三输入的与非门。

6. 请分别用互补 CMOS 和传输门实现一个两输入的异或门，分别画出其电路图，并分别说明各用了多少个 MOS 管。

7. 请分别说明互补 CMOS、有比逻辑、传输门和动态 CMOS 在组合逻辑电路设计中的优缺点。

8. 请利用互补 CMOS 组合逻辑实现以下逻辑表达式。设参考反相器 NMOS $W/L=2$，PMOS $W/L=4$，为了使上述逻辑与参考反相器输出阻抗相同，请确定上述逻辑中 MOS 管的宽长比。

$$Y = \overline{D + A \cdot (B + C)}$$

第 **8** 章

时序逻辑电路设计实例

▶▶ 思维导图

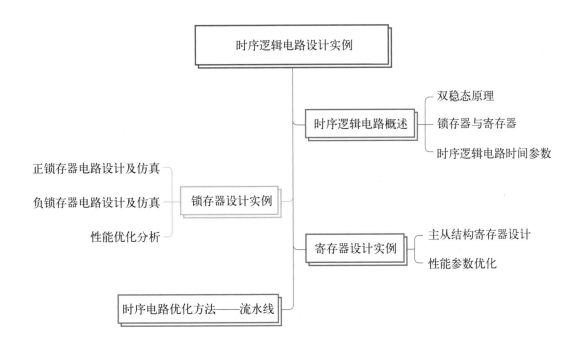

本章讨论最重要的时序模块CMOS实现方法。在基本时序电路和时钟方法方面可以有各种不同的选择，做出正确选择在现代电路设计中已变得越来越重要，因为它们对电路的性能、功耗和设计的复杂性都会有很大的影响。

数字电路通常分为组合逻辑电路和时序逻辑电路两大类，组合逻辑电路的有关内容在前面的章节里已经做了介绍，组合逻辑电路的特点是输入的变化直接反映了输出的变化，其输出的状态仅取决于输入的当前状态，与输入、输出的原始状态无关。而时序电路输出不仅与当前的输入有关，而且与其输出状态的原始状态有关，其相当于在组合逻辑的输入端加上了一个反馈输入，在其电路中有一个存储电路，可以将输出的状态保持住。时序逻辑电路的结构框图如图 8-1 所示。它类似于含储能元件的电感或电容的电路，如触发器、锁存器、计数器、移位寄存器、存储器等电路，都是时序电路的典型器件，时序逻辑电路的状态是由存储电路来记忆和表示的。

时序逻辑电路是数字逻辑电路的重要组成部分，时序逻辑电路又称时序电路，主要由存储电路和组合逻辑电路两部分组成。它和我们熟悉的其他电路不同，其在任何一个时刻的输出状态由当时的输入信号和电路原来的状态共同决定，而它的状态主要是由存储电路来记忆和表示的。同时，时序逻辑电路在结构以及功能上的特殊性，相较其他种类的数字逻辑电路而言，往往具有难度大、电路复杂并且应用范围广的特点。双稳态电路是目前应用最广泛和最重要的一种时序逻辑电路，它有两种稳定状态或工作模式。

8.1.1 双稳态原理

双稳态电路的特点是：这一电路具有两个稳定状态，分别代表 0 和 1。在没有外来触发信号的作用下，电路始终处于原来的稳定状态。由于它具有两个稳定状态，故称为双稳态电路。在外加输入触发信号作用下，双稳态电路从一个稳定状态翻转到另一个稳定状态。双稳态电路在自动控制中有着广泛的应用。

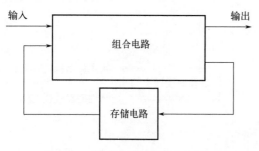

图8-1 时序逻辑电路的结构框图

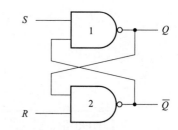

图8-2 与非门构成的双稳态电路

与非门构成的双稳态电路如图 8-2 所示。它由与非门 1、2 交叉耦合组成。它有两个稳定状态：一个是门 1 导通、门 2 截止，输出端 Q 是 0；另一个稳定状态是门 1 截止、门 2 导通，输出端 Q 是 1。如果不考虑输入触发信号的作用，当门 1 导通、门 2 截止时，Q 端的低电平反馈到门 2 的输入端，保证门 2 的截止，同时 $\overline{Q}$ 端的高电平又反馈到门 1 的输入端，保证门 1 的导通，因而这一稳定状态得以保持住。同理，门 1 截止、门 2 导通，也能保持住这一稳定状态。

假如门 1 导通、门 2 截止，在 S 端施加一个负脉冲，门 1 从导通变为截止，Q 端从 0 变成 1，这个高电平加到门 2 的输入端，使门 2 从截止变为导通，Q 端从高电平变为低电平，又反馈到门 1 的输入端。即使撤掉外加的触发脉冲，电路也将保持门 1 截止、门 2 导通的稳定状态。同理，当门 1 截止、门 2 导通时，从 R 端外加一触发脉冲，则变成了门 1 导通、门 2 截止的另一种稳定状态。

总之，双稳态电路具有两个稳态。在不存在任何触发的情形下，电路保持在单个状态（假设电源一直加在电路上），因而记忆了一个值。双稳态电路另一个常用的名字是触发器。触发器只有在使电路从一种状态变为另一种状态时才有用。这一般可以采用如下两种方法来实现：

① 切断反馈环路。一旦反馈环路打开，一个新的值就能很容易地写入输出端。这样的锁存器称为多路开关型锁存器，这一方法在当前的锁存器中非常普遍。

② 触发强度超过反馈环。在触发器的输入端加上一个触发信号，因其强度超过存储值而迫使一个新的值进入该单元。要做到这一点需要仔细地确定反馈环和输入电路中晶体管的尺寸。一个弱的触发电路无法胜过一个强的反馈环路。这一方法在早期的数字设计中通常比较流行，但现在已逐渐失去人们的青睐。然而它是实现静态后台存储器的主要方法。

触发器是一种可以在两种状态下运行的数字逻辑电路。触发器一直保持状态，直到收到输入脉冲，又称为触发。当收到输入脉冲时，触发器输出就会根据规则改变状态，然后保持这种状态直到收到另一个触发。触发器对脉冲边沿敏感，其状态只在时钟脉冲的上升沿或下降沿的瞬间改变。主要应用在时钟有效滞后于数据有效的场合。也就是数据信号先建立，时钟信号后建立，在时钟边沿位置，数据进入寄存器。

8.1.2 锁存器与寄存器

锁存器（latch）是一种对脉冲电平敏感的存储单元电路，它们可以在特定输入脉冲电平作用下改变状态。锁存器的最主要作用是缓存，其次是解决高速的控制器与慢速的外设的不同步问题，再其次是解决驱动的问题，最后是解决一个 I/O 口既能输出也能输入的问题。锁存器利用电平控制数据的输入，包括不带使能控制的锁存器和带使能控制的锁存器。

锁存器是数字电路中的一种具有记忆功能的逻辑元件。锁存，就是把信号暂存以维持某种电平状态，在数字电路中则可以记录二进制数字信号"0"和"1"。只有在有锁存信号时输入的状态被保存到输出，直到下一个锁存信号。通常只有 0 和 1 两个值。

锁存器是构成边沿触发寄存器的主要部件。它是一个电平敏感电路，即在时钟信号为高电平时把输入传送到输出。此时锁存器处于透明模式。当时钟为低电平时，在时钟下降沿处被采样的输入数据在输出端处整个阶段都保持稳定，此时锁存器处于保持模式。输入必须在时钟下降沿附近的一段较短时间内稳定，以满足时序要求。工作在这些情形下的锁存器即为正锁存器。同样，负锁存器在时钟信号为低电平时把输入传送到输出。正锁存器和负锁存器也分别称为高电平透明锁存器和低电平透明锁存器。正锁存器和负锁存器的信号波形如图 8-3 所示。现有许多不同的静态和动态方法可以实现锁存器。

锁存器应用场合主要为数据有效滞后于时钟信号有效。这意味着时钟信号先到，数据信号后到。在某些运算器电路中有时采用锁存器作为数据暂存器。锁存器的缺点是时序分析较

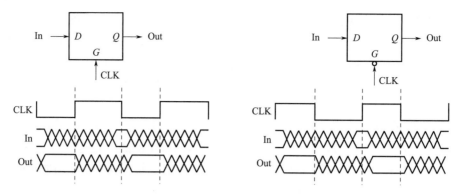

图8-3 正锁存器和负锁存器的信号波形

困难，且容易产生毛刺。锁存器在 ASIC 设计中比较简单，但是在 FPGA 的资源中，大部分器件没有锁存器，所以需要用一个逻辑门和触发器来组成锁存器，这样就浪费了资源。

锁存器的优点是面积小、速度快。所以用在地址锁存是很合适的，不过一定要保证所有锁存器信号源的质量。锁存器在 CPU 设计中很常见，正是由于它的应用使得 CPU 的速度比外部 I/O 部件逻辑快很多。锁存器完成同一个功能所需要的门比较少，所以在 ASIC 中用得较多。

常见的锁存器结构有 RS 锁存器。或非门构成的基本 RS 锁存器结构如图8-4所示，其中，S、R 为输入端，Q 和 $\overline{Q}$ 为输出端。

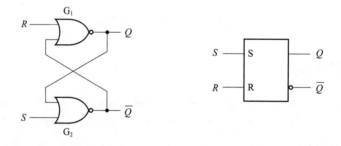

图8-4 或非门构成的基本 RS 锁存器

根据 S、R 输入端的四种状态，基本 RS 锁存器有四种对应的工作状态，如表8-1所示。

表8-1 基本 RS 锁存器的工作状态

S	R	Q	$\overline{Q}$	功能
0	0	不变	不变	保持
1	0	1	0	置1
0	1	0	1	置0
1	1	0	0	禁止态

查看以上功能表可以发现，或非门构成的基本 RS 锁存器根据输入的不同可以分为允许工作态和禁止态。当 RS=1，锁存器无法正常工作；当 RS=0，锁存器可以根据 SR 的三种组合状态分为保持、置位、复位三种工作模式。其中有几种特殊状态。

① S、R 为 1、1，此时为锁存器的非正常工作状态，超越了 RS=0 的约束，出现 $Q=\overline{Q}=0$

的错误输出。但是其后 S 首先下降，这样又避免了 S、R 同时下降置零，可以立刻恢复正常工作态。

②S、R 为 1、1，此时为锁存器的非正常工作状态，超越了 $RS=0$ 的约束，出现 $Q=\overline{Q}=0$ 的错误输出。但是其后 R 首先下降，这样又避免了 S、R 同时下降置零，也可以恢复正常工作态。

③在 S、R 出现非正常工作输入的情况后，S 和 R 又同时置零，导致输出保持了 S、R 为 1、1 的错误输出状态。这样就会使得输出一直保持在错误的状态下。

由于两个或非门不同的传输延迟，导致在信号传输中，可能出现在 S、R 从 0、1 状态变为 1、0 状态时，由于 G_2 门的传输延迟较小，导致 S 信号首先传出，R 信号滞后，这样就会形成短暂的 1、1 状态，会在输出上产生 0、0 的错误。在实际使用中应避免这种状态。

为了解决这一状态，可以在输入端加入控制信号，门控 RS 锁存器的电路图如图 8-5 所示。在基本 RS 锁存器中增加两个与门，同时增加使能信号与 R、S 进行与运算。通过引入使能信号，可以实现在特定的时刻根据 RS 的信号输出，而且多个锁存器可以并行同步锁存数据。

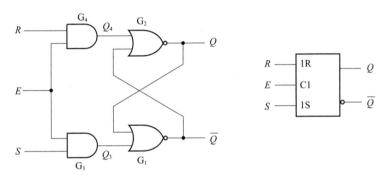

图8-5　门控 RS 锁存器

把上面的门控 RS 锁存器稍微修改一下，就会得到门控 D 锁存器，如图 8-6 所示。其真值表如表 8-2 所示。从真值表上看，可以知道，在使能信号输入为高电平（逻辑 1）时，D 锁存器才起作用，否则，输出信号将保持原状态；并且，当 D 锁存器起作用时，输出的信号 Q 状态跟 D 输入状态一致，因此，D 锁存器也叫 D 跟随。

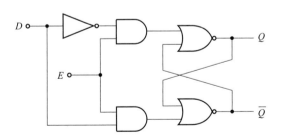

图8-6　基于 RS 或非门锁存器的门控 D 锁存器

在实际的数字系统中，通常把能够用来存储一组二进制代码的同步时序逻辑电路称为寄存器。寄存器是用来存放数据的一些小型存储区域，用来暂时存放参与运算的数据和运算结果，被广泛用于各类数字系统和计算机中。其实寄存器就是一种常用的时序逻辑电路，但这种时序逻辑电路只包含存储电路。寄存器的存储电路是由锁存器或触发器构成的，因为一个

表 8-2　门控 D 锁存器的真值表

E	D	Q	$\overline{Q}$	功能
0	X	不变	不变	保持
1	0	0	1	跟随
1	1	1	0	跟随

锁存器或触发器能存储 1 位二进制数，所以由 N 个锁存器或触发器可以构成 N 位寄存器。

不同于电平敏感锁存器，边沿触发的寄存器只在时钟翻转时才采样输入：时钟上升沿翻转时采样称为正沿触发寄存器，而时钟下降沿翻转时采样称为负沿触发寄存器。寄存器通常用锁存器基本单元构成。一个经常出现的寄存器形式是主从结构，把一个正锁存器和一个负锁存器串联起来。寄存器也可以用单个脉冲时钟信号发生器构成"毛刺"寄存器，或用其他特殊结构构成。

通常寄存器可以用作显示数据锁存器，因为许多设备需要计数器的计数值，如果计数速度较高，人眼则无法辨认迅速变化的显示字符。在计数器和译码器之间加入一个锁存器，控制数据的显示时间是常用的方法。寄存器还可以完成数据的并串、串并转换，或者用作缓冲器，还可以用来组成计数器。

寄存器和锁存器的区别如下。

① 寄存器是同步时钟控制，而锁存器是电位信号控制。锁存器一般由电平信号控制，属于电平敏感型。寄存器一般由时钟信号控制，属于边沿敏感型。

② 寄存器的输出端平时不随输入端的变化而变化，只有在时钟有效时才将输入端的数据送输出端（打入寄存器），而锁存器的输出端平时总随输入端变化而变化，只有当锁存器信号到达时，才将输出端的状态锁存起来，使其不再随输入端的变化而变化。

从寄存数据的角度来看，寄存器和锁存器的功能是相同的；它们的区别在于寄存器是同步时钟控制，而锁存器是电位信号控制。寄存器和锁存器具有不同的应用场合，取决于控制方式以及控制信号和数据之间的时间关系：若数据有效一定滞后于控制信号有效，则只能使用锁存器；数据提前于控制信号到达并且要求同步操作，则可用寄存器来存放数据。

8.1.3　时序逻辑电路时间参数

有三个重要的时序参数与寄存器有关，寄存器的时序定义如图 8-7 所示。建立时间 t_{su} 是

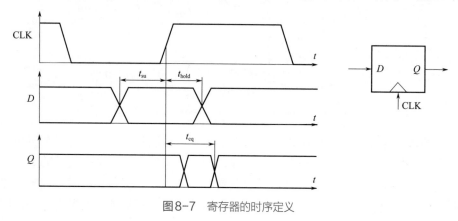

图 8-7　寄存器的时序定义

在时钟翻转之前数据输入必须有效的时间。保持时间 t_{hold} 是在时钟边沿之后数据输入必须仍然有效的时间。假设建立时间和保持时间都满足要求，那么输入端的数据则在最坏情况下的传播延时 t_{cq} 之后被复制到输出端。

与寄存器有关的时序参数值越小越好，因为它们直接影响时序电路能被时钟控制的速度。事实上，现代高性能系统中寄存器的传播延时和建立时间在时钟周期中占很大一部分。

8.2 锁存器设计实例

数据选择器也叫多路开关，它可以在控制信号的作用下，从多个数据通道中选择某一路信号到输出端。可以使用二选一数据选择器构建锁存器电路。

8.2.1 正锁存器电路设计及仿真

【例 8-1】运用二选一数据选择器构建正锁存器电路并进行时序仿真。

建立一个锁存器最稳妥和最常用的技术是采用传输门多路开关。在正锁存器中，当时钟信号为高电平时，选择 D 输入，而在时钟信号为低电平时，输出保持原状。正锁存器电路图如图 8-8 所示。

该电路中多次调用了反相器单元，因此先设计反相器子电路。在华大九天软件中搭建反相器电路，电路图如图 8-9 所示。

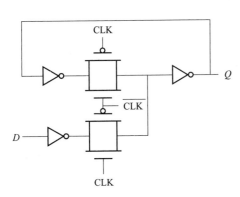

图 8-8　正锁存器电路图

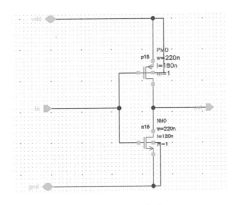

图 8-9　反相器子电路

选择 Creat → Symbol View，设置 Pin Options 以及 Symbol Shape。Symbol View 设置如图 8-10 所示。

Pin Options 以及 Symbol Shape 设置如图 8-11 所示。

点击 OK，形成反相器的子电路，画电路图时直接调用。子电路视图如图 8-12 所示。

调用反相器搭建正锁存器电路图如图 8-13 所示。

当时钟为高电平时，下方的传输门导通，锁存器是透明的，即输入被复制到输出上。在这一阶段，反馈环断开，因为上面的传输门是断开的。因此晶体管的尺寸对于实现正确功能并不重要。但从功率角度看，时钟驱动的晶体管数目是一个重要的衡量指标，因为时钟的活动性系数为 1。

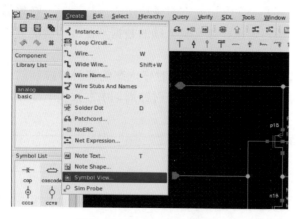

图8-10　Symbol View 设置

图8-11　Pin Options 以及 Symbol Shape 设置

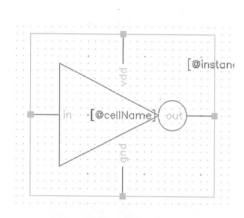

图8-12　反相器子电路视图

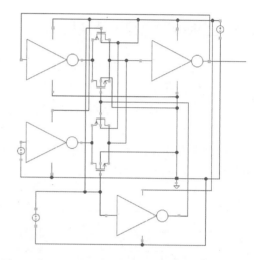

图8-13　基于多路开关的正锁存器晶体管级电路图

正锁存器电路时序仿真结果如图8-14所示，本例的锁存器效率不高，因为对于时钟信号而言，有4个晶体管的负载。

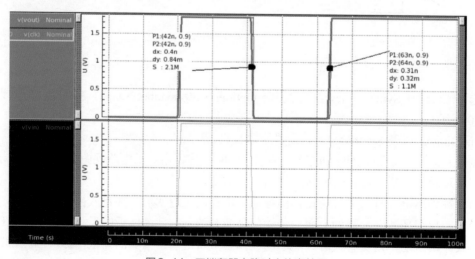

图8-14　正锁存器电路时序仿真结果

如果仅用 NMOS 传输管实现多路开关，可以将锁存器的时钟负载晶体管减少至两个。这一方法虽然简单，但仅用 NMOS 传输管会使传输到第一个反相器输入的高电平有一个阈值电压的损失。这对噪声容限和开关性能都会有影响，特别是在 V_{DD} 较低而阈值电压较高的时候更为明显。它也造成在第一个反相器中的静态功耗，因为该反相器最大的输入电压比 V_{DD} 少一个阈值电压，所以反相器的 PMOS 器件永远不能完全关断。

8.2.2 负锁存器电路设计及仿真

【例 8-2】运用二选一数据选择器构建负锁存器电路并进行时序仿真。

对于一个负锁存器，当时钟为低电平时选择多路开关的输入端 0，并将输入传送到输出。当时钟信号为高电平时，选择与锁存器输出相连的多路开关的输入端 1，只要时钟维持在高位，反馈就能够保证有一个稳定的输出。负锁存器电路图如图 8-15 所示。

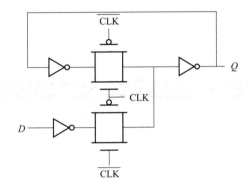

图 8-15 负锁存器电路图

调用【例 8-1】中所建反相器，搭建基于多路开关的负锁存器晶体管级的电路图，如图 8-16 所示。

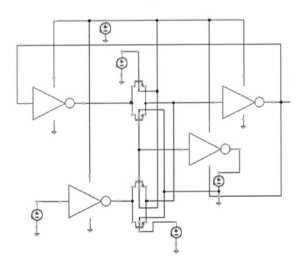

图 8-16 基于多路开关的负锁存器晶体管级的电路图

当时钟为低时，下面的传输门导通，锁存器是透明的，即输入被复制到输出上。在这一阶段，反馈环断开，因为上面的传输门是断开的。因此晶体管的尺寸对于实现正确功能并不重要。但从功率角度看，时钟驱动的晶体管数目是一个重要的衡量指标，因为时钟的活动性系数为1。

负锁存器电路时序仿真结果如图8-17所示。由图中的仿真结果可知，本例的负锁存器效率不高，因为对于时钟信号而言，有4个晶体管的负载。

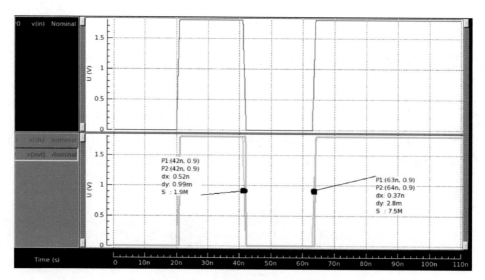

图8-17　负锁存器电路时序仿真结果

8.2.3　性能优化分析

锁存器的缺点主要有以下几个方面。

① 对毛刺敏感。使能信号有效时，输出状态可能随输入多次变化，产生空翻，对下一级电路很危险，不能异步复位，因此在上电后处于不确定的状态，并且其隐蔽性很强，不易查出。因此，在设计中，应尽量避免锁存器的使用。

② 不能异步复位。由于其能够储存前态，上电后锁存器处于不定态。

③ 复杂的静态时序电路分析。首先，锁存器没有时钟信号参与信号传递，无法作静态时序分析；其次，综合工具会将锁存器优化掉，造成前后仿真结果不一致。

④ 占用更多资源。在FPGA中基本的单元是由查找表和触发器组成的，大部分器件没有锁存器，若生成锁存器反而需要更多的资源。

⑤ 额外的延时。在ASIC设计中，锁存器也会带来额外的延时和可测性设计，并不利于提高系统的工作频率。

锁存器的优点：如果锁存器和触发器两者都由与非门搭建的话，锁存器耗用的逻辑资源要比触发器少，锁存器的集成度更高，所以在ASIC设计中会用到锁存器，且只在CPU高速电路或者RAM这种面积很敏感的电路才使用锁存器。

综上所述，根据锁存器的特点可以看出，在电路设计中，要对锁存器特别谨慎，如果设计经过综合后产生出和设计意图不一致的锁存器，则将导致设计错误，包括仿真和综合。因此，在设计中需要避免产生意想不到的锁存器。虽然在ASIC设计中会用到锁存器，但锁存器对毛刺敏感，无异步复位端，不能让芯片在上电时处在确定的状态。另外，锁存器会使静态时序分析变得很复杂，不利于设计的重用。

8.3 寄存器设计实例

寄存器用来暂时存放参与运算的数据和运算结果。在实际的数字系统中，通常把能够用来存储一组二进制代码的同步时序逻辑电路称为寄存器。由于触发器内有记忆功能，因此利用触发器可以方便地构成寄存器。由于一个触发器能够存储一位二进制码，所以把 n 个触发器的时钟端口连接起来，就能构成一个存储 n 位二进制码的寄存器。从寄存数据的角度来讲，寄存器和锁存器的功能是相同的。它们的区别在于寄存器是同步时钟控制，而锁存器是电位信号控制。一般的设计规则是：在绝大多数设计中避免产生锁存器。另外，为实现数据的接收、清除等功能，寄存器中还应该包含一定数量的控制电路。

8.3.1 主从结构寄存器设计

【例 8-3】构建主从结构寄存器电路并进行时序仿真。

构成一个边沿触发寄存器最普遍的方法是采用主从结构，基于主从结构的正沿触发寄存器如图 8-18 所示。

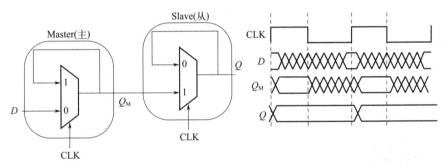

图8-18 基于主从结构的正沿触发寄存器

寄存器是由一个负锁存器（主级）串联一个正锁存器（从级）构成的。本例采用的是多路开关型锁存器，但实际上可以采用任何类型的锁存器。在时钟的低电平阶段，主级是透明的，输入 D 被传送到主级的输出端 Q_M。在此期间，从级处于维持状态，通过反馈保持它原来的值。在时钟的上升沿期间，主级停止对输入采样，而从级开始采样。在时钟的高电平阶段，从级对主级的输出端 Q_M 采样，而主级处于维持状态。由于 Q_M 在时钟的高电平阶段保持不变，因此输出 Q 每周期只翻转一次。由于 Q 的值就是时钟上升沿之前的 D 值，因此具有正沿触发效应。负沿触发寄存器可以用同样的原理构成，只需要简单地改变一下正负锁存器的位置就可以了。

完整的主从正沿触发寄存器的晶体管级实现如图 8-19 所示。多路开关采用传输门来实现。当时钟处于低电平时，T1 导通 T2 关断，输入信号被采样到节点 Q_M 上。在此期间，T3 和 T4 分别关断和导通。交叉耦合的反相器 I5 和 I6 保持从锁存器的状态。当时钟上升到高电平时，主级停止采样输入并进入维持状态。T1 关断 T2 导通，交叉耦合的反相器 I2 和 I3 保持 Q_M 状态。同时，T3 导通 T4 关断，Q_M 被复制到输出 Q 上。

寄存器有三个重要的特征时序参数：建立时间、保持时间和传播延时。了解影响这些时序参数的因素并建立手工估计它们的直观方法是很重要的。

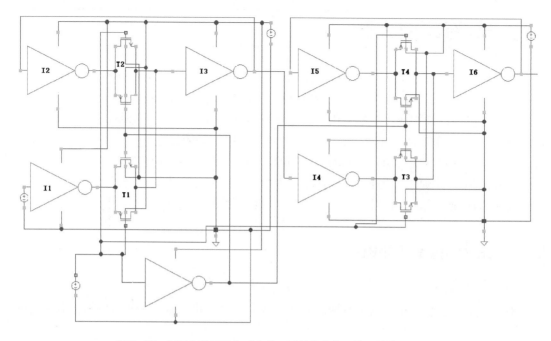

图8-19　利用多路开关构成主从正沿触发寄存器的晶体管级实现

　　建立时间是输入数据在时钟上升沿之前必须有效的时间。这就相当于在时钟上升沿之前输入必须稳定多长时间才能使 Q_M 采样的值是可靠的。对于传输门多路开关型寄存器，输入 D 在时钟上升沿之前必须传播通过 I1、T1、I3 和 I2。这就保证了在传输门 T2 两端的节点电压值相等。否则，交叉耦合的一对反相器 I2 和 I3 就可能会停留在一个不正确的值上。建立时间仿真结果图如图 8-20 所示。

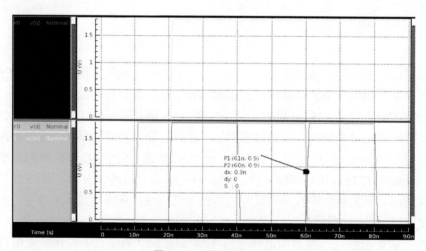

图8-20　建立时间仿真

　　传播延时是 Q_M 值传播到输出 Q 所需要的时间。由于建立时间中已包括了 I2 的延时，I4 的输出在时钟上升沿之前已有效。因此传播延时就只是通过 T3 和 I6 的延时。传播延时仿真结果如图 8-21 所示。

　　保持时间表示在时钟上升沿之后输入必须保持稳定的时间。在本例的情形下，当时钟为高电平时，传输门 T1 关断。由于输入在时钟到达 T1 前都要通过反相器，所以在时钟变为

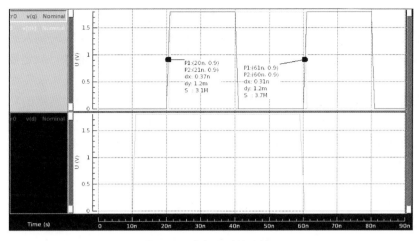

图8-21 传播延时仿真结果

高电平后，输入上的任何变化都不会影响输出。因此，保持时间很短，接近于 0。保持时间仿真结果如图 8-22 所示。

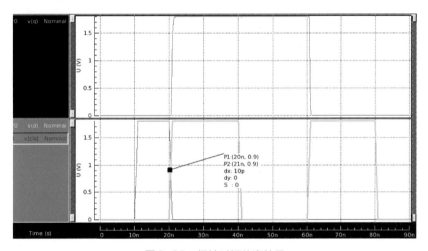

图8-22 保持时间仿真结果

8.3.2 性能参数优化

传输门型寄存器的缺点是时钟信号的电容负载很大。每个寄存器的时钟负载都很重要，因为它直接影响时钟网络的功耗。如果忽略使时钟信号反相所需要的开销，那么每个寄存器具有 8 个晶体管的时钟负载。以稳定性为代价降低时钟负载的一个方法是使电路成为有比电路。可以直接使用交叉耦合反相器来省去反馈传输门。减少时钟负载的主从寄存器如图 8-23 所示。

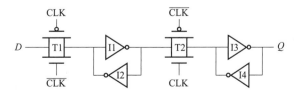

图8-23 减少时钟负载的主从寄存器

减少时钟负载的代价是增加了设计过程的复杂性。传输门 T1 以及它的源驱动器必须比反馈环路反相器 I2 更强，才能切换交叉耦合反相器的状态。反相器 I1 的输入必须超过它的开关阈值，以便能够产生翻转。如果在传输门中要使用最小尺寸的器件，一定要注意把反相器 I2 的晶体管设计得更弱。这一点可以通过使它们的沟长大于最小尺寸来实现。在传输门中希望使用最小尺寸或接近最小尺寸的器件，以降低锁存器和时钟分配网络的功耗。

这种方法存在的另一个问题是反向传导——第二级可能影响第一级锁存器的状态。当主从寄存器中的从级导通时，T2 和 I4 有可能共同影响存储在 I1 ～ I2 锁存器中的数据。好在只要 I4 是一个较弱的器件，就不会带来大的问题。

8.4 时序电路优化方法——流水线

流水线是一种非常普遍的设计技术，经常用来加速数字处理器的数据通路。参考逻辑通路如图 8-24 所示，假设寄存器为边沿触发的 D 寄存器。整个逻辑电路由加法器、求绝对值和求对数的电路组成。在通常的系统中，后一个延时一般大大超过与寄存器相关的延时，因此是决定电路性能的主要因素。假设每一个逻辑块的传播延时相等，每个逻辑块起作用的时间只是时钟周期的三分之一。例如，加法器只在第一个三分之一周期期间起作用，而在其余的三分之二周期期间内一直空闲，不进行有用的计算。

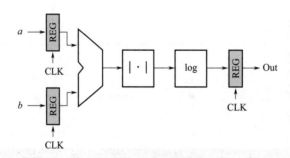

图8-24　参考逻辑通路

流水线是一项提高资源利用率的技术，它增加了电路的数据处理量。在逻辑块之间插入寄存器，流水线电路如图 8-25 所示。这使得一组输入的计算分布在几个时钟周期中。

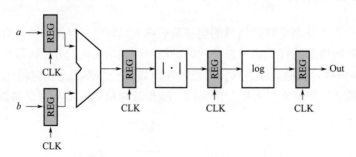

图8-25　流水线电路

流水线计算周期实例表如表 8-3 所示，数据 (a_1, b_1) 的计算结果在三个时钟周期后出现在输出端。此时，电路已在执行下一组数据 (a_2, b_2) 和 (a_3, b_3) 的部分计算。这一计算过程以一种装配线的形式进行，因此得名流水线。

表8-3　流水线计算周期实例

时钟周期	加法器	绝对值	对数
1	a_1+b_1		
2	a_2+b_2	$|a_1+b_1|$	
3	a_3+b_3	$|a_2+b_2|$	$\log|a_1+b_1|$
4	a_4+b_4	$|a_3+b_3|$	$\log|a_2+b_2|$
5	a_5+b_5	$|a_4+b_4|$	$\log|a_3+b_3|$

　　流水线的优点可以通过考察这一电路的最小时钟周期来得到。组合电路分成三个部分，每一部分比原来的总功能具有更小的传播延时，这就有效减少了最小时钟周期值。假设所有的逻辑块具有近似相等的传播延时，并且寄存器的延时相对于逻辑延时很小。在这些假设条件下，流水线电路的性能超过原来电路的三倍。这一性能提高的代价相对较小，只是增加两个寄存器。这就解释了流水线为什么在实现高性能的数据通路时被普遍应用。

　　流水线技术可以提高系统允许的时钟频率，代价是额外多用些寄存器资源。时钟频率越大，系统的数据吞吐速率就越大。如今，这种模式常常应用于数字电路的设计之中，与现在流驱动的 FPGA 架构不谋而合。举例来说：某设计输入为 A 种数据流，而输出则是 B 种数据流，其流水架构如图 8-26 所示：

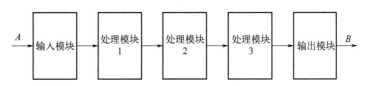

图8-26　流驱动流水架构图

　　每个模块只负责处理其中的一部分，这种处理的好处是：①简化设计，每个模块只负责其中的一个功能，便于功能和模块划分；②时序优化，流水的处理便于进行时序的优化，特别是处理复杂的逻辑，可以通过流水设计，改善关键路径，提升处理频率，并能提升处理性能。

　　各个流水线之间的连接方式也可通过多种方式，如果处理的是数据块，流水模块之间可以通过 FIFO（first in first out，先进先出）或者 RAM 进行数据暂存的方式进行直接连接，也可以通过寄存器直接传输。

　　流水架构的好处一目了然，但另一个问题，对于某些设计就需要谨慎处理，那就是延时。对于进入流水线的信息 A，如果接入的流水处理的模块越多，其输出时的延时也越高，因此对处理延时有要求的设计就需要在架构设计时，谨慎对待添加流水线。架构设计时，可以通过处理各个单元之间的延时估计，从而评估系统的延时，避免最终不能满足延时短的需求，返回来修改架构。

　　流水架构在另一种设计中则无能为力，那就是带反馈的设计，如图 8-27 所示。

　　图 8-27 中，处理模块的输入，需要上一次计算后的结果的值，也就是输出要反馈回设计的输入。例如某帧图像的解压需要解压后的上一帧的值，才能计算得出。此时，流水的处理就不能使用，若强行添加流水，则输入需等待。

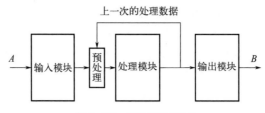

图 8-27 带反馈架构图

强加流水后带反馈架构图见图 8-28，如在需反馈的设计中强加流水，则输入信息 A_i 需要等待 A_{i-1} 处理完毕后，再进行输入，则处理模块 1，就只能等待（空闲）。因此，问题出现了，流水线等待实际上就是其流水处理的效果没有达到，白白浪费了逻辑和设计。

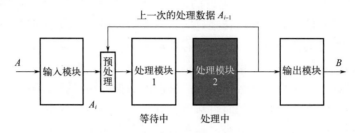

图 8-28 强加流水后带反馈架构图

流水应用在调用式的设计中，可以通过接口与处理流水并行达到。即写入、处理、读出等操作可以做到流水式架构，从而增加处理的能力。流水是 FPGA 架构设计中一种常用的手段，通过合理划分流水层次，可简化设计，优化时序。同时流水在模块设计中也是一种常用的手段和技巧。流水本身简单易懂，而真正能在设计中活用，就需要对 FPGA 所处理的任务有深刻的理解。

习题

一、名词解释

1. 锁存器
2. 寄存器
3. 触发器
4. 双稳态电路

二、简答题

1. 简述锁存器、寄存器和触发器的区别。
2. 简述正锁存器和负锁存器的工作原理。
3. 画出 RS 锁存器的电路图。
4. 用数据选择器构建锁存器。
5. 分析主从结构 D 触发器的工作原理。
6. 简述流水线结构的基本原理和应用场合。

第9章

存储器设计实例

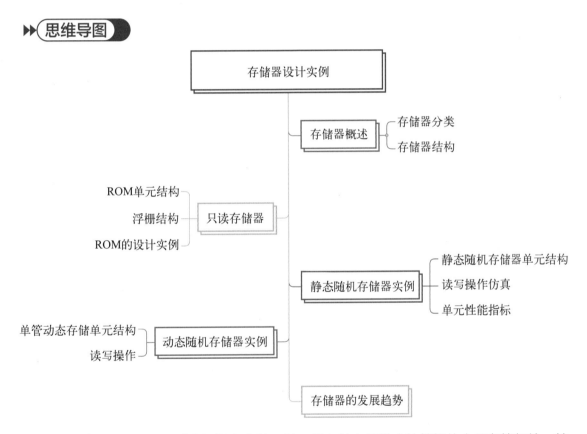

存储器单元实际上是时序逻辑电路的一种，是各种电子数字计算机的主要存储部件，并广泛应用于其他电子设备中。对半导体存储器的基本要求是高密度、大容量、高速度和低功耗。按存储器的使用类型可分为只读存储器（ROM）和随机存取存储器（RAM，简称随机存储器），两者的功能有较大的区别，因此在描述上也有所不同。存储器是许多存储单元的集合，按单元号顺序排列。每个单元由若干二进制位构成，以表示存储单元中存放的数值，这种结构和数组的结构非常相似，故在 VHDL 语言中，通常由数组描述存储器。

存储体中每个单元能够存放一串二进制码表示的信息，该信息的总位数称为一个存储单元的字长。存储单元的地址与存储在其中的信息是一一对应的，单元地址只有一个，固定不变，而存储在其中的信息是可以更换的。构成存储器的存储介质主要采用半导体器件和磁性材料。存储器中最小的存储单位就是一个双稳态半导体电路或一个 CMOS 晶体管或磁性材料的存储元，它可存储一个二进制代码。由若干个存储元组成一个存储单元，然后再由许多存储单元组成一个存储器。

本章首先介绍基本的 MOS 存储器结构以及它们主要的构建块。接着，将分析不同的存储单元以及它们的性质。单元结构和拓扑连接主要受制于现有的工艺，而不太受数字设计者的控制。

9.1　存储器概述

存储器是用来存储各种待加工处理的数据、部分加工处理过的中间数据和完全处理过的数据，以及存储各种程序和数据库的功能电路。概括地说，存储器用来存储各种必要的信息。因此，存储器不仅是电子数字计算机和其他数控系统中的重要组成部分，也是集成电路设计中最重要的一种功能电路。通常，在计算机中根据存储器的容量和所处功能位置不同，可以将它分为三类：外存储器、内存储器和缓冲存储器。外存储器的特点是存储容量特别大，存取数据所需要的时间较长。内存储器（简称内存）就是主存储器，特点是存储容量小，存取数据速度快。在高速电子计算机中，为避免反复访问内存而影响整机速度，设置了缓冲存储器，用以暂时存储一些数据或指令，可见，容量小、速度快就是缓冲存储器的特点。此外，按照读写存储器方式又可以将存储器分为顺序存取存储器、只读存储器、随机存取存储器和可编程只读存储器。

9.1.1　存储器分类

根据存储材料的性能及使用方法的不同，存储器有几种不同的分类方法。

■　（1）按存储介质分类

半导体存储器：由半导体器件组成的存储器。半导体存储器是一种以半导体电路作为存储媒介的存储器。按其制造工艺可分为：双极晶体管存储器和 MOS 晶体管存储器。通常为 MOS 存储器，其中的数据存储在硅集成电路存储芯片上的 MOS 存储器单元中。有许多使用不同半导体技术的不同类型。

磁表面存储器：用磁性材料做成的存储器。磁表面存储器是利用涂覆在载体表面的磁性材料具有两种不同的磁化状态，来表示二进制信息的"0"和"1"。将磁性材料均匀地涂覆在圆形的铝合金或塑料的载体上就成为磁盘，涂覆在聚酯塑料带上就成为磁带。磁表面存储器的优点为存储容量大，单位价格低，记录介质可以重复使用，记录信息可以长期保存而不丢失，甚至可以脱机存档，非破坏性读出，读出时不需要再生信息。当然，磁表面存储器也有缺点，主要是存取速度较慢，机械结构复杂，对工作环境要求较高。磁表面存储器由于存储容量大，单位成本低，多在计算机系统中作为辅助大容量存储器使用，用以存放系统软件、大型文件、数据库等大量程序与数据。

■ （2）按存储方式分类

随机存储器：任何存储单元的内容都能被随机存取，且存取时间和存储单元的物理位置无关。

顺序存储器：只能按某种顺序来存取，存取时间与存储单元的物理位置有关。在存取信息时，只能按存储单元的位置，顺序地一个接一个地进行存取。最典型的是磁带存储器。

■ （3）按存储器的读写功能分类

只读存储器（read-only memory，ROM）：存储的内容是固定不变的，只能读出而不能写入的半导体存储器。ROM 以非破坏性读出方式工作。信息一旦写入后就固定下来，即使切断电源，信息也不会丢失，所以又称为固定存储器。ROM 所存数据通常是装入整机前写入的，整机工作过程中只能读出，不像随机存储器能快速方便地改写存储内容。ROM 所存数据稳定，断电后所存数据也不会改变，并且结构较简单，使用方便，因而常用于存储各种固定程序和数据。

随机存取存储器（random access memory，RAM）：既能读出又能写入的半导体存储器，简称随机存储器，也叫主存，是与 CPU 直接交换数据的内部存储器。它可以随时读写（刷新时除外），而且速度很快，通常作为操作系统或其他正在运行中的程序的临时数据存储介质。RAM 工作时可以随时从任何一个指定的地址写入（存入）或读出（取出）信息。它与 ROM 的最大区别是数据的易失性，即一旦断电所存储的数据将随之丢失。RAM 在计算机和数字系统中用来暂时存储程序、数据和中间结果。

■ （4）按信息的可保存性分类

易失性存储器：断电后信息即消失的存储器。如果需要保存数据，就必须把它们写入到一个长期的存储器中（例如硬盘）。

非易失性存储器：断电后仍能保存信息的存储器。

■ （5）按在计算机系统中的作用分类

主存储器（内存）：用于存放活动的程序和数据，其速度高、容量较小、每位价位高。主存储器（main memory），简称主存，是计算机硬件的一个重要部件，其作用是存放指令和数据，并能由中央处理器（CPU）直接随机存取。现代计算机为了提高性能，又能兼顾合理的造价，往往采用多级存储体系，即存储容量小、存取速度高的高速缓冲存储器，存储容量和存取速度适中的主存储器，都是必不可少的。主存储器是按地址存放信息的，存取速度一般与地址无关。32 位（比特，bit）的地址最大能表达 4GB 的存储器地址。这对多数应用已经足够，但对于某些特大运算量的应用和特大型数据库已显得不够，从而对 64 位结构提出需求。主存储器一般采用半导体存储器，与辅助存储器相比具有容量小、读写速度快、价格高等特点。计算机中的主存储器主要由存储体、控制线路、地址寄存器、数据寄存器和地址译码电路五部分组成。

辅助存储器（外存储器）：主要用于存放当前不活跃的程序和数据，其速度慢、容量大、每位价位低。辅助储存器是指除计算机内存及 CPU 缓存以外的储存器，此类储存器一般断电后仍然能保存数据。常见的辅助存储器有硬盘、软盘、光盘、U 盘等。

缓冲存储器：主要在两个不同工作速度的部件起缓冲作用。Cache 是一种高速缓冲存储器，是为了解决 CPU 和主存之间速度不匹配而采用的一项重要技术。Cache 是介于 CPU 和主存之间的小容量存储器，但存取速度比主存快。主存容量配置几百 MB 的情况下，cache 的典型值是几百 KB。Cache 能高速地向 CPU 提供指令和数据，从而加快了程序的执行速度。从功能上看，它是主存的缓冲存储器，由高速的 SRAM（静态随机存储器）组成。为追求高速，包括管理在内的全部功能均由硬件实现，因而对程序员是透明的。

存储器有许多不同的形式和类型，适用于某一具体应用的存储器单元的类型与所要求的存储容量、存取时间、存取方式、具体应用以及系统要求等密切相关。

■ （1）存储容量

存储容量指存储器的大小，体现所能存储数据的多少。在不同的抽象层次上可以用不同的方式来表示一个存储单元的容量。电路设计者往往用位（bit）来说明存储器的容量，位数相当于存储数据所需要的单元（触发器或寄存器）数。

■ （2）时序参数

存储器的时序特性如图 9-1 所示。从存储器中读出数据所需要的时间称为读出时间。它等于从提出读请求到数据在输出端上有效之间的延时。这一时间与写入时间不同。写入时间是指从提出写请求到最终把输入数据写入存储器之间所经过的时间。最后，还有一个重要参数是存储器的（读或写）周期时间，它是在前后两次读或写操作之间所要求的最小时间间隔。这一时间通常大于存取时间。读周期和写周期并不一定要一样长，但为了简化系统设计、可以认为它们的长度相等。

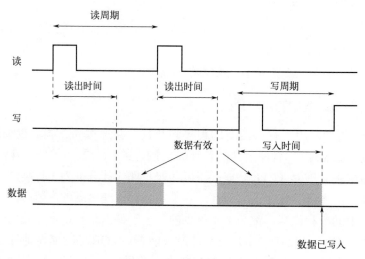

图9-1　存储器时序定义

■ （3）功能

半导体存储器最常用的分类方式是按照存储器的功能、存取方式以及存储机理的本质来分类。例如可以区分为只读和读写存储器。读写存储器的优点是同时提供读和写功能且存取时间相当，是最灵活的存储器。数据存放在触发器上或者存放在电容上。与时序电路的分类方法一样，这些存储单元分别称为静态单元和动态单元。前者只要保持电源电压就一直会保持它们的数据，而后者则需要周期性地刷新以补偿因漏电引起的电荷损失。

另一方面，只读存储器把信息编码成电路的拓扑结构，例如增加或移去晶体管。由于这一拓扑结构是硬布线连接的，数据不能修改，它只能被读出。此外，只读存储器结构属于非易失性存储器，切断电源电压不会造成所存储数据的丢失。

■ （4）存取方式

存储器的第二种分类方法是根据存取数据的顺序。大多数存储器属于随机存取类，即以随机顺序来读写存储单元位置。有些存储器类型限定存取顺序，这使它们的存取速度更快、面积更小或者具有特殊功能。

■ （5）输入/输出结构

半导体存储器的最后一种分类法是根据数据输入和输出端口的数目划分的。虽然大多数存储器单元只有一个端口，为输入和输出共享，但具有较高带宽要求的存储器常常具有多个输入和输出端口，因而称为多端口存储器。但增加更多的端口往往会增加存储单元设计的复杂性。

■ （6）应用

早期，大多数大容量存储器都是作为单独应用的集成电路来封装的。随着片上系统和把多种功能集成在单个芯片上的技术出现，现在已有容量越来越大的存储器与逻辑功能集成在同一芯片上。这种类型的存储器称为嵌入式存储器。不同的功能放在一起将对存储器的设计产生重大影响：不仅影响到存储器的总体结构，而且也影响到实现它的工艺和电路技术。

9.1.2 存储器结构

任何一种存储器要完全实现它的功能必须包括存储单元组成的存储体、地址译码器、读写电路以及为了使存储器各部分电路能按一定顺序工作所需要的时钟控制电路几个部分。

① 存储单元。用以存储最基本的二进制信息"0"和"1"。存储容量是存储的字数与字长的乘积，单位是比特（bit）。例如一个存储器能存储 N 个二进制数，每个数字长是 M 位，那么该存储器的容量是 $N \times M$ 比特。通常取相近整数来表示它的容量，例如 1024 比特称为 1Kb 容量，16 个 1024 比特称为 16Kb。十分明显，存储器容量是存储器的主要技术指标。此外，存储器电路结构十分规范，每个存储单元结构完全相同，因此在集成电路设计中，存储单元都是以矩阵形式布局的。

② 地址译码器。存储器中的存储单元都以字为基本单位，每个字都有相同的位数。存储每个字的基本单元都必须有说明其空间几何位置的地址码，才有可能准确地向该单元写入或读出所需的信息。完成这种说明地址功能的电路叫地址译码器。地址码本身也是一组二进制数，n 位地址码可以规定 2^n 个地址。例如，两位地址码有四种不同的组合 00、01、10、11，因此它可以规定四个存储单元的地址。由于每个单元的电路形式是相同的，为了节省芯片面积，它们在集成电路中总是排列成矩形阵列的形式，此时，为了选择某一存储单元，需要有行地址译码器和列地址译码器。

③ 读写电路。目前对存储器的要求的容量大，因此存储每一个比特信息的单元电路越来越小，代表"0"和"1"状态信息的电信号非常微弱，读出时必须经过读出放大器才能将存储的信息提供给外电路。有些存储器为了保持存储的信息不丢失，还需要定时刷新。将信息写入存储单元也有类似的问题，所以完整的存储器应具有读写电路。

④ 控制电路。将信息写入或读出存储器，以及为保持信息而定期刷新等电路的工作都需要由时钟脉冲来控制其工作。时钟脉冲可以由片内或片外的脉冲发生器产生，由一组标准时钟脉冲作为时序控制的基准。

当实现 N 个字，每个字为 M 位的存储器时，最直接的方法是沿纵向把连续的存储字堆叠起来，如图 9-2 所示。如果假设这一模块是一个单口存储器，那么通过一个选择位每次选择一个字来读或写。这一方法虽然比较简单，并在很小的存储器中能工作得很好，但当试图把它用在较大的存储器中时会遇到很多问题。

当选择信号较多时，由于这些信号通常由片外或由芯片的另一部分来提供，这意味着存在难以克服的布线或封装问题。插入译码器可以减少选择信号的数目。虽然这解决了选择问题，但并没有说明存储器的宽长比。当存储器字数较多，假设基本存储单元的形状几乎总是近似于方形，那么它的高度要比它的宽度大很多。显然这样的设计是无法实现的。除了这一形状问题不合寻常之外，这样的设计在运行时也极慢。

为了解决这一问题，存储阵列被组织成垂直尺寸和水平尺寸处在同一数量级上，于是宽长比接近于 1。多个字被存放在同一行中并被同时选择。为了把所需要的字送到输入/输出端口，需要再加上一个称为列译码器的额外电路，原理如图 9-3 所示。

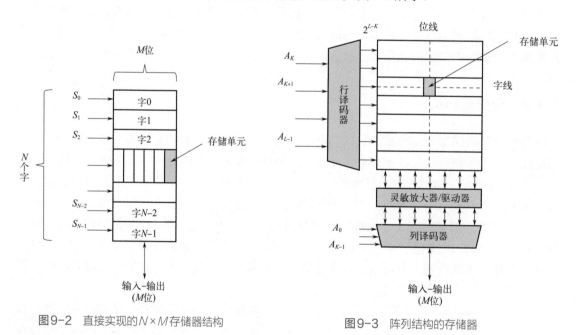

图9-2 直接实现的 $N \times M$ 存储器结构   图9-3 阵列结构的存储器

9.2 只读存储器

除少数种类的只读存储器（如字符发生器）可通用之外，不同种类的只读存储器功能不同。为便于用户使用和大批量生产，进一步发展出可编程只读存储器（PROM）、可擦可编程序只读存储器（EPROM）和电擦除可编程只读存储器（EEPROM）等不同的种类。

9.2.1　ROM单元结构

只读存储器的主要功能是存储大量固定不变的信息。每一个字可以代表一条信息，一个字又由若干位二进制码构成，每位二进制码可以有"0"和"1"两种不同的状态。在用MOS电路制作只读存储器时，采用薄栅氧化层、低阈值电压的MOS作为存储"1"的基本单元；用厚氧化层、高阈值电压的MOS作为存储"0"的基本单元。将所有基本单元都排列成矩阵形式。

图9-4给出ROM的基本结构。ROM主要由地址译码器、存储体、读出线及读出放大器等部分组成。ROM是按地址寻址的存储器，由CPU给出要访问的存储单元地址，ROM的地址译码器是与门的组合，输出是全部地址输入的最小项（全译码）。n位地址码经译码后有2^n种结果，驱动选择2^n个字，即$W=2^n$。存储体是由熔丝、二极管或晶体管等元件排成$W \times m$的二维阵列（字位结构），共W个字，每个字m位。存储体实际上是或门的组合，ROM的输出线位数就是或门的个数。由于它工作时只是读出信息，因此可以不必设置写入电路，这使得其存储单元与读出线路也比较简单。

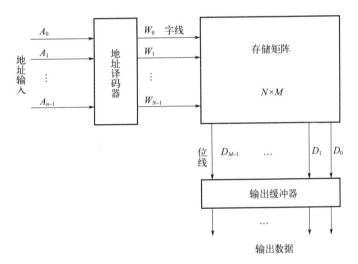

图9-4　ROM的基本结构

图9-5给出ROM的工作过程，CPU经地址总线送来要访问的存储单元地址，地址译码器根据输入地址码选择某条字线，然后由它驱动该字线的各位线，读出该字线的各存储单元所存储的二进制代码，送入读出线输出，再经数据线送至CPU。

只读存储器的特点是只能读出而不能写入信息，通常在电脑主板的ROM里面固化一个基本输入/输出系统，称为BIOS（基本输入输出系统）。其主要作用是完成对系统的加电自检、系统中各功能模块的初始化、系统的基本输入/输出的驱动程序及引导操作系统。

ROM有多种类型，且每种只读存储器都有各自的特性和适用范围。从其制造工艺和功能上分，ROM有五种类型，即掩模型只读存储器（MROM，mask ROM）、可编程只读存储器（PROM，programmable ROM）、可擦可编程只读存储器（EPROM，erasable PROM）、电擦除

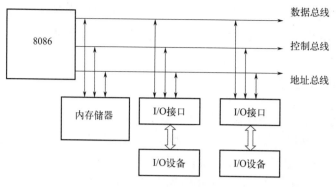

图9-5 ROM的工作过程

可编程只读存储器（EEPROM，electrically-erasable PROM）和闪速存储器（flash memory）。

■ （1）掩模型只读存储器（MROM）

掩模型只读存储器中存储的信息由生产厂家在掩模工艺过程中"写入"。在制造过程中，将资料以一特制掩模（mask）烧录于线路中，有时又称为"光罩式只读内存"，此内存的制造成本较低，常用于电脑中的开机启动。其行线和列线的交点处都设置了MOS管，在制造时的最后一道掩模工艺，按照规定的编码布局来控制MOS管是否与行线、列线相连。相连者定为1（或0），未连者为0（或1），这种存储器一旦由生产厂家制造完毕，用户就无法修改。

MROM的主要优点是存储内容固定，掉电后信息仍然存在，可靠性高。缺点是信息一次写入（制造）后就不能修改，很不灵活，且生产周期长，用户与生产厂家之间的依赖性大。

■ （2）可擦可编程只读存储器（EPROM）

可擦可编程只读存储器可多次编程，是一种以读为主的存储器。便于用户根据需要来写入，并能把已写入的内容擦去后再改写。其存储的信息可以由用户自行加电编写，也可以利用紫外线光源或脉冲电流等方法先将原来存储的信息擦除，然后用写入器重新写入新的信息。EPROM比MROM和PROM更方便、灵活、经济实惠。但是EPROM采用MOS管，速度较慢。

擦除原存储内容的方法可以采用以下方法：电的方法（称为电可改写ROM）或用紫外线照射的方法（称为光可改写ROM）。光可改写ROM可利用高电压将资料编程写入，抹除时将线路曝光于紫外线下，则资料可被清空，并且可重复使用，通常在封装外壳上会预留一个石英透明窗以方便曝光。

■ （3）电擦除可编程序只读存储器（EEPROM）

电擦除可编程只读存储器是一种随时可写入而无须擦除原先内容的存储器，其写操作比读操作时间要长得多。EEPROM把不易丢失数据和修改灵活的优点组合起来，修改时只需使用普通的控制、地址和数据总线。EEPROM运作原理类似于EPROM，但抹除的方式是使用高电场来完成的，因此不需要透明窗。EEPROM比EPROM贵，集成度低，成本较高，一般用于保存系统设置的参数、IC卡上存储信息、电视机或空调中的控制器。但由于其可以在线修改，所以可靠性不如EPROM。

■ （4）闪速存储器（flash memory）

闪速存储器是一种高密度、非易失性的读/写半导体存储器，它既有 EEPROM 的特点，又有 RAM 的特点，是一种全新的存储结构，简称闪存。闪速存储器的价格和功能介于 EPROM 和 EEPROM 之间。与 EEPROM 一样，闪速存储器使用电可擦技术，整个闪速存储器可以在一秒至几秒内被擦除，速度比 EPROM 快得多。另外，它能擦除存储器中的某些块，而不是整块芯片。然而闪速存储器不提供字节级的擦除，与 EPROM 一样，闪速存储器每位只使用一个晶体管，因此能获得与 EPROM 一样的高密度（与 EEPROM 相比较）。闪存芯片采用单一电源（3V 或者 5V）供电，擦除和编程所需的特殊电压由芯片内部产生，因此可以在线系统擦除与编程。闪存也是典型的非易失性存储器，在正常使用情况下，其浮置栅中所存电子可保存 100 年而不丢失。

目前，闪存已广泛用于制作各种移动存储器，如 U 盘及数码相机/摄像机所用的存储卡等。

9.2.2 浮栅结构

闪存技术利用的场效应管就是浮栅场效应管（FGMOS）。闪存技术是采用特殊的浮栅场效应管作为存储单元。这种场效应管的结构与普通场效应管有很大区别。它具有两个栅极，一个如普通场效应管栅极一样，用导线引出，称为"选择栅"；另一个则处于二氧化硅的包围之中，不与任何部分相连，这个不与任何部分相连的栅极称为"浮栅"，如图 9-6 所示。

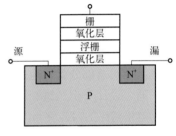

图9-6 浮栅场效应管

通常情况下，浮栅不带电荷，则场效应管处于不导通状态，场效应管的漏极电平为高，则表示数据 1。编程时，场效应管的漏极和选择栅都加上较高的编程电压，源极则接地。这样大量电子从源极流向漏极，形成相当大的电流，产生大量热电子，并从衬底的二氧化硅层俘获电子，由于电子的密度大，有的电子就到达了衬底与浮栅之间的二氧化硅层，这时由于选择栅加有高电压，在电场作用下，这些电子又通过二氧化硅层到达浮栅，并在浮栅上形成电子团。

由于浮栅是电隔离的，所以即使在去除电压之后，到达栅极的电子也会被捕获。这就是闪存非易失性的原理所在。由于浮栅为负，所以栅为正，在存储器电路中，源极接地，所以相当于场效应管导通，漏极电平为低，即数据 0 被写入。

擦除时，源极加上较高的编程电压，选择栅接地，漏极开路。根据隧道效应和量子力学的原理，浮栅上的电子将穿过势垒到达源极，浮栅上没有电子后，就意味着信息被擦除了。由于热电子的速度快，所以编程时间短，并且数据保存的效果好，但是耗电量比较大。

与具有固定阈值电压的常规 MOSFET 不同，FGMOS 的阈值电压取决于存储在浮栅中的电荷量，电荷越多，阈值电压越高。与常规 MOSFET 类似，当施加到控制栅极的电压高于阈值电压时，FGMOS 开始导通。因此，通过测量其阈值电压并将其与固定电压电平进行比较来识别存储在 FGMOS 中的信息，被称为闪存中的读操作。

可以使用两种方法将电子放置在浮动栅极中：福勒 - 诺德海姆（Fowler-Nordheim）隧道效应或热载流子注入。对于福勒 - 诺德海姆隧道效应，在带负电的源极和带正电的控制栅极之间施加强电场。这使得来自源极的电子隧穿穿过薄氧化层并到达浮栅。隧穿所需的电压取决于隧道氧化层的厚度。利用热载流子注入，高电流通过沟道，为电子提供足够的能量以穿过氧化物层并到达浮动栅极。

通过在控制栅极上施加强负电压并在源极和漏极端子上施加强正电压，使用福勒-诺德海姆隧道效应可以从浮栅移除电子。这将导致被捕获的电子通过薄氧化层回到隧道。在闪存中，将电子放置在浮动栅极中被认为是编程/写入操作，去除电子被认为是擦除操作。

隧道工艺有一个主要缺点：它会逐渐损坏氧化层。这被称为闪存中的磨损。每次对单元进行编程或擦除时，一些电子都会卡在氧化层中，从而磨损氧化层。一旦氧化层达到不再能够在编程和擦除状态之间进行可靠性区分的点，则该单元被认为是坏的。由于读取操作不需要隧穿，因此它们不会将单元磨掉。这就是为什么闪存的寿命表示为它可以支持的编程/擦除（P/E）周期的数量。

浮栅结构的缺点体现在浮栅中存在泄漏的情况，使得电子在浮栅上的保持特性受到影响。主要有：直接隧穿效应、热激发、浮栅上电子陷阱。在浮栅充电过程中，电子被电子陷阱捕获，从而使得浮栅的电位降低，导致降低在栅上加的电压影响。

9.2.3 ROM 的设计实例

【例 9-1】设计一个二进制码转化为格雷码的电路。

从之前的分析可知，向 ROM 中输入一个地址码，在输出端就能得到存储在该地址中的一条信息。但该信息本身又是一组二进制码，所以也可以把 ROM 看成是一个特殊的编译码电路：译码器部分就是地址译码器，编码器部分就是存储器所固定存储的代码。

通过设计一个二进制码转化为格雷码的电路来说明 ROM 的设计方法。表 9-1 说明了二进制码与格雷码的对应关系，为了用 ROM 来实现这一转换，表中也列出了译码器输出地址 Xi。

表 9-1 二进制与格雷码编码表

输入				输出				
二进制码				地址	格雷码			
B_3	B_2	B_1	B_0	X_i	G_3	G_2	G_1	G_0
0	0	0	0	X_0	0	0	0	0
0	0	0	1	X_1	0	0	0	1
0	0	1	0	X_2	0	0	1	1
0	0	1	1	X_3	0	0	1	0
0	1	0	0	X_4	0	1	1	0
0	1	0	1	X_5	0	1	1	1
0	1	1	0	X_6	0	1	0	1
0	1	1	1	X_7	0	1	0	0
1	0	0	0	X_8	1	1	0	0
1	0	0	1	X_9	1	1	0	1
1	0	1	0	X_{10}	1	1	1	1
1	0	1	1	X_{11}	1	1	1	0

输入				输出				
二进制码				地址	格雷码			
1	1	0	0	X_{12}	1	0	1	0
1	1	0	1	X_{13}	1	0	1	1
1	1	1	0	X_{14}	1	0	0	1
1	1	1	1	X_{15}	1	0	0	0

从只读存储器的概念来设计，二进制码就是输入 ROM 的地址码，相应地址存储单元就是存储的格雷码。在 ROM 中。若要读出第 i 个字，需要在字线 $\overline{W_i}$ 上加上适当的信号。从各条字线中选出 $\overline{W_i}$ 就需要地址译码器。用二进制码作为地址码能对 2^n 条字线编码。在 4×4 的 ROM 中，仅需二位地址码 A_1A_0。地址译码器与存储单元都在同一芯片上。若采用一个 PMOS 两位地址译码器，可得式（9-1）～式（9-4）。

$$\overline{W_0} = \overline{\overline{A_1}\,\overline{A_0}} \tag{9-1}$$

$$\overline{W_1} = \overline{\overline{A_1}A_0} \tag{9-2}$$

$$\overline{W_2} = \overline{A_1\,\overline{A_0}} \tag{9-3}$$

$$\overline{W_3} = \overline{A_1A_0} \tag{9-4}$$

由以上公式可以明显看出，这是一个与阵列。电路结构可以采用矩阵结构。利用表示阵列结构的逻辑方法可以得到图 9-7。

图 9-7 中，左边部分是地址译码器，右边部分是存储器。每个交叉黑点处都代表一个薄栅管。由公式可知，左边部分是一个与阵列。对于右边部分，可以写出式（9-5）～式（9-8），可见，这是一个或阵列。

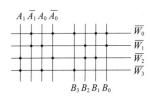

图9-7 阵列结构逻辑图

$$B_0 = \overline{W_0} + \overline{W_1} \tag{9-5}$$

$$B_1 = \overline{W_0} + \overline{W_2} \tag{9-6}$$

$$B_2 = \overline{W_1} + \overline{W_2} \tag{9-7}$$

$$B_3 = \overline{W_0} + \overline{W_3} \tag{9-8}$$

在电子计算机和数字系统中，一般都用二进制字来记录和表示信息，每个字的长度在一个系统中是固定不变的。通常采用的字长有 4 位、8 位、16 位和 32 位。另一方面，ROM 要存储的字数却可以有很多，因此在制造时都采用矩阵结构。例如，设计一个容量 1Kb 的 ROM，字长 8 位，通常不会把电路设计成 128×8 的长条形状，而是做成 32×32 的结构。为了确定这种阵列结构的存储单元的地址，就需要采用二维地址编码。为了输出方便，每行中四个字的相同位安排在一起，所以一个 32×32 的阵列实际上又划分成 8 个 32×4 的小阵列。决定 32 行需要 5 位二进制码，称为行地址，在一行的四个字中选定一个字需要二位二进制码，称为列地址。所以 128×8 的 ROM 共需七位地址码。

根据这个逻辑表示方法可以做出所需码制转换器的电路。电路需要 8 条地址码输入线，也就是二进制码输入线；4条输出位线，也就是格雷码的输出线；16条字线，也就是地址译码器的输出地址线。以编码表中第三行为例，这是输入地址，如式（9-9）所示。

$$0010 = \overline{B_3}\,\overline{B_2}\,B_1\,\overline{B_0} \tag{9-9}$$

地址译码器输出线是 X_2，所以在 X_2 线与 $\overline{B_3}$、$\overline{B_2}$、B_1、$\overline{B_0}$ 各线交叉处打上黑点。由编码表可知，对应二进制码 0010 的格雷码如式（9-10）所示。

$$0011 = G_3 G_2 G_1 G_0 \tag{9-10}$$

所以在 X_2 线与位线 $G_1 G_0$ 的交叉处打上黑点。按照这种做法就可以得到 ROM 编码逻辑图。地址译码器部分是一个与阵列，存储器部分则是一个或阵列，其逻辑表达式如式（9-11）～式（9-17）所示。

$$X_0 = \overline{B_3}\,\overline{B_2}\,\overline{B_1}\,\overline{B_0} \tag{9-11}$$

$$X_1 = \overline{B_3}\,\overline{B_2}\,\overline{B_1}\,B_0 \tag{9-12}$$

......

$$X_{15} = B_3 B_2 B_1 B_0 \tag{9-13}$$

$$G_0 = X_1 + X_2 + X_5 + X_6 + X_9 + X_{10} + X_{13} + X_{14} \tag{9-14}$$

$$G_1 = X_2 + X_3 + X_4 + X_5 + X_{10} + X_{11} + X_{12} + X_{13} \tag{9-15}$$

$$G_2 = X_4 + X_5 + X_6 + X_7 + X_8 + X_9 + X_{10} + X_{11} \tag{9-16}$$

$$G_3 = X_8 + X_9 + X_{10} + X_{11} + X_{12} + X_{13} + X_{14} + X_{15} \tag{9-17}$$

从上面的分析可以看出，ROM 实质上是一种结构紧凑、设计过程十分简单的译码器。这使得它在码制转换、微程序控制、函数表格、显示译码、字符发生器等方面获得了极广泛的应用。同时，即使是同一个设计目标，设计思路不同时所得到的实际结构可以有很大的不同，为实现设计目标所付出的代价也就有很大的差异。

9.3 静态随机存储器实例

【例 9-2】设计静态随机存储器六管单元电路并分析其工作原理。

SRAM 即静态随机存储器，大多是由 CMOS 管组成的易失性静态存储器。在掉电后存储器中所存数据就会丢失。顾名思义，静态随机存储器可以对任何地址进行读写操作，通过锁存器的原理对数据进行保存，在无操作状况下，锁存器处于稳态，保持数据稳定，不用进行周期性的电荷刷新。SRAM 由基本单元构成的阵列以及外围电路构成，其中阵列的划分和外围电路的优劣对整个 SRAM 的性能有很大的影响。静态随机存储器（简称为静态存储器）是随机存储器的一种，它由静态易失性存储单元组成的存储阵列（或者叫内核，core）组成，其地址译码集成在片内。SRAM 速度很快，而且不用刷新就能保存数据而不丢失。它以双稳态电路形式存储数据，结构复杂，内部需要使用更多的晶体管构成寄存器以保存数据。SRAM 由于靠连续的供电来维持所存数据的完整性，故属于易失性存储器。SRAM 电路结构与操作和一般的 RAM 类似，由存储阵列、灵敏放大器、译码器、输入输出电路和时序控制电路五大部分组成。存储单元按行和列排列起来就组成了 SRAM 的阵列结构，行和列分别称为"字线"和"位线"。每个存储单元对应一个唯一的地址,或者说行和列的交叉就定义出了地址,而且每一个地址和某一特定的数据输入输出端口是相连的。一个存储芯片上的阵列(或者自阵列)数目是由整个存储器的大小、数据输入输出端口数目、存储速度要求、整个芯片的版图布局和测试要求所决定的。

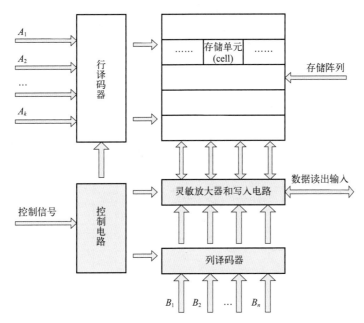

图9-8 随机存储器组成结构图

如图 9-8 所示,存储阵列是由存储单元(cell)构成的矩形阵列。每一个单元都有自己独特的地址,通过外围的译码电路选中相应的单元进行读写操作。译码电路包括行译码电路和列译码电路,其中行译码电路用来从 $2k$ 行中选中一行,列译码是从 $2n$ 中列中选出一列。这样通过行译码和列译码的共同作用,从阵列中选出相应的单元进行读写操作。灵敏放大器和写入电路用来对数据进行读写操作。在数据读出过程中,由于位线过长,使得从单元中读出的信号很弱,需要用灵敏放大器来放大信号,加快数据的读出过程。写入电路用来进行数据的输入。控制电路主要用来控制数据的读写以及译码过程。通过相应的控制信号,如读使能信号、写使能信号等,来控制数据的读写操作。

■ (1)存储矩阵

RAM 的核心部分是一个寄存器矩阵,用来存储信息,称为存储矩阵。

■ (2)地址译码器

地址译码器的作用是将寄存器地址所对应的二进制数译成有效的行选信号和列选信号,从而选中该存储单元。SRAM 的性能有很大部分是通过借助外围电路(比如译码器和灵敏放大器)来提高的。因此译码器的设计也很重要。数据的读出和写入的过程有很大一部分时间花在译码上,因此它也是 SRAM 功耗的重要组成部分。可以采取多级译码和字线脉冲的方法来降低功耗。多级译码的使用可以有效减少字线的负载,从而降低功耗。字线脉冲的方法可以减小位线的电压摆幅,也进一步降低功耗。

在 SRAM 中，译码器是由一系列的与非门或者或非门组成。它根据一组给定的地址去选中相应的单元来进行读写操作。在大容量的存储器中，译码器直接和存储单元阵列相连，译码器单元的几何尺寸必须和存储器内核尺寸匹配（节距匹配），否则就会造成布线的极大浪费和由此引起的延时和功耗的增加。此外，译码器电路在 SRAM 中所占面积仅次于存储阵列。因此，译码器的设计对存储器的整体面积也有一定影响。利用译码器，可以用 M 个地址来表示 $2M$ 个存储单元。所以，译码器在实现随机存取功能同时，还减少了引脚的封装数。因此，译码器的设计也是 SRAM 设计中的一个重要环节，它对减小 SRAM 芯片面积和功耗、提高工作速度都有很大的影响。

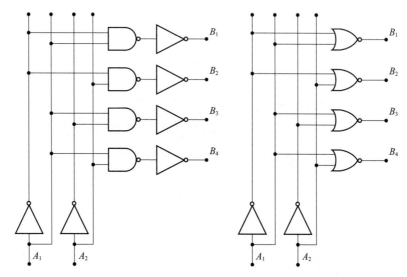

图9-9　译码器电路

SRAM 的译码器种类有行译码器和列译码器。它们分别对应存储阵列的行和列。每一组地址经过译码器，唯一确定一个存储单元。在译码过程中，首先由行译码器选中一条字线，然后由列译码器选中一个位线，由字线和位线确定唯一要访问的单元。

译码器电路如图 9-9 所示，译码器可以用与非门实现也可以用或非门实现。它的逻辑功能相当于一个具有 $2n$ 输出、n 输入的与门功能。实际应用中由于不可能设计具有这么多输入的与门，所以在实际应用中译码器采用层次式与门结构。

■ （3）读/写控制器

SRAM 的读写操作都是由一系列的时序过程按顺序来完成的，所以需要用控制电路来保证其能正确且有效工作。访问 RAM 时，对被选中的寄存器进行读操作还是进行写操作，是通过读写信号来进行控制的。读操作时，被选中单元的数据经数据线、输入 / 输出线传送给 CPU（中央处理器）；写操作时，CPU 将数据经输入 / 输出线、数据线存入被选中单元。

■ （4）输入/输出

RAM 通过输入 / 输出端与计算机的 CPU 交换数据，读出时它是输出端，写入时它是输入端，一线两用，由读 / 写控制线控制。输入 / 输出端数据线的条数，与一个地址中所对应的寄存器位数相同，也有的 RAM 芯片的输入 / 输出端是分开的。通常 RAM 的输出端都具有集电极开路或三态输出结构。

■ （5）片选控制

由于受 RAM 的集成度限制，一台计算机的存储器系统往往由许多 RAM 组合而成。CPU 访问存储器时，一次只能访问 RAM 中的某一片（或几片），即存储器中只有一片（或几片）RAM 中的一个地址接受 CPU 访问，与其交换信息，而其他片 RAM 与 CPU 不发生联系，片选就是用来实现这种控制的。通常一片 RAM 有一根或几根片选线，当某一片的片选线接入有效电平时，该片被选中，地址译码器的输出信号控制该片某个地址的寄存器与 CPU 接通；当片选线接入无效电平时，则该片与 CPU 之间处于断开状态。

■ （6）灵敏放大器

随着 SRAM 容量不断增大，单元尺寸不断缩小，位线变长，位线电容就相应增大，数据的读取时间也变得越来越长。为了提高读取的速度，必须减小数据在关键路径上的延迟时间。减小 SRAM 的读取时间，一般有两种途径：一种有效方法是减少位线电容；另一种有效方法是在位线与输出缓冲单元之间加入灵敏放大器，减小位线电压摆幅，从而减小数据传输延时。

所以，灵敏放大器应该具有以下功能或特点：

① 灵敏放大器可以从存储单元读出小信号，转换成逻辑电平 0 和 1，实现数据的有效读出。

② 由于位线电容是影响存储器速度的主要因素，所以灵敏放大器是提高存储器访问速度的关键。

③ 高增益的灵敏放大器应该可以减小位线上的电压摆幅，可以显著减小功耗和增加速度。

灵敏放大器按照电路类型可以分为差分型和非差分型。其中，差分型灵敏放大器把小信号的差分输入（即位线电压）放大为大信号输出。它具有很多优点，比如抗干扰能力强、电压摆幅大、偏置电路简单、线性度高等。差分型灵敏放大器能辨别出很小的信号差，它的速度相对非差分型来说较快，但是版图面积也相对较大。非差分型的灵敏放大器多用于非易失性存储器及顺序存储器。随着集成度的提高以及性能的优化，非差分型灵敏放大器越来越难以满足系统的要求。差分灵敏放大器、非差分灵敏放大器一般都采用电压工作模式。

在存储器中，位线信号的准确值因芯片的不同而不同，甚至在同一芯片的不同位置也不会相同。1 或 0 信号的绝对值可能会在一个很大的范围内变化。芯片中会存在多个噪声源，比如电路切换引起电源电压上的尖峰信号，或者字线和位线之间的电容串扰等。这些噪声信号的影响有时可能非常严重，特别是当被检测的信号幅值一般都很小的时候。差分型灵敏放大器的输入端一般与一对位线相连，但并不表示两根位线必须为其提供一对互补的逻辑信号，通常情况是，一根位线上为参考电压，另一根就提供与存储单元存储数据相对应的信号。差分放大器在有效抑制共模噪声和放大信号间真正差别的方面有很大作用。

SRAM 是在静态触发器的基础上附加门控管而构成的。因此，它是靠触发器的自保功能存储数据的。SRAM 存放的信息在不停电的情况下能长时间保留，状态稳定，不需外加刷新电路，从而简化了外部电路设计。但由于 SRAM 的基本存储电路中所含晶体管较多，故集成度较低，且功耗较大。

SRAM 特点如下：

① 存储原理：由触发器存储数据。

② 单元结构：六管 NMOS 或 PMOS 构成。

③ 优点：速度快、使用简单、不需刷新、静态功耗极低；常用作 cache。

④ 缺点：元件数多、集成度低、运行功耗大。

9.3.1　静态随机存储器单元结构

SRAM 的存储单元是靠双稳态电路存储信息，通用的 CMOS 六管 SRAM 单元电路如图 9-10 所示。它与静态 RS 锁存器非常相似。它的每一位需要 6 个晶体管。访问这个单元需要使字线有效，它代替时钟控制两个读写操作共用的传输管 M5 和 M6。这个单元要求两条位线来传送存储信号及其反信号。尽管并不一定需要提供两种极性的信号输出，但这样做能使读操作和写操作期间的噪声容限得到改善，这在随后的分析中将变得很清楚。

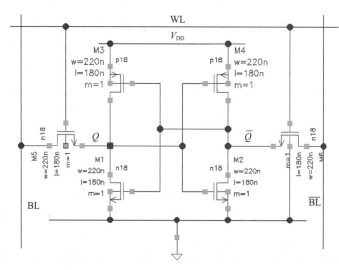

图9-10　通用的CMOS六管SRAM单元电路

SRAM 单元的尺寸应当越小越好，以达到较高的存储密度。但为了提高单元操作的可靠性，对尺寸进行了一定的限制。

存储单元中的负载元件 M3、M4 可以是 PMOS 管，也可以是耗尽型的 NMOS 管或增强型 MOS 管，还可以是掺杂的多晶硅电阻。负载的作用是用来抵消存储管 M1、M2 漏极和传输管 M5、M6 的电荷泄漏的影响。一个 SRAM 单元只要电源一直加在这个电路上，就可以一直保持所存放的数据位。两种稳定工作状态分别表示存储"0"和"1"。设 M1 导通时存储"1"，M2 导通时存储"0"。现在来分析存储单元的工作情况。

① 保持状态：当外界不访问该单元时，字线 WL 处于低电平，这时使输入管 M5、M6 截止，数据线（也称位线）$\overline{BL}$ 和 BL 及存储单元之间的联系被中断，所以存储单元状态不会发生改变，存储的信息处于保持状态。

② 读出操作：当该单元被访问时，地址译码器将使 WL 处于高电平，使传输门管 M5、M6 导通。由于原来的假设，存储单元中已存储"1"，即 M1 管处于导通状态，所以 $\overline{BL}$=0，BL=1 这一对表示该存储单元存储"1"的信号即可通过数据线读出。

③ 写入操作：这时 WL=1。假设此时要向该单元写入"0"。代表"0"的信号是 $\overline{BL}$=1、BL=0，这对信号通过传输门管将迫使触发器中 M2 管导通，成为存储"0"的状态。

在设计 RAM 的基本单元时，要求其面积小、功耗低、读 / 写响应快和制造工艺简单。在六管静态 MOS 存储单元中，通常用耗尽型负载、电阻负载和 CMOS 电路三种基本结构。各种六管静态存储器的特点如表 9-2 所示。

表 9-2　各种六管静态存储器特点

单元负载	功耗	面积	速度	制作难度	特点
增强型	大	大	慢	易	已不选用
耗尽型	大	小	快	中	速度较快
电阻	中	小	中	中	较全面
互补负载	小	大	中	难	功耗极低

9.3.2　读写操作仿真

假设 "1" 存放在 Q 中，并进一步假设两条位线在读操作开始之前都被预充电到 1.8V。通过使字线有效以开始读周期，在经过字线最初的延时之后使传输管 M5、M6 导通。在正确的读过程中 BL 维持在它的预充电值，而 $\overline{BL}$ 通过 M1～M5 放电，从而把存放在 Q 和 $\overline{Q}$ 中的值传送到位线上。晶体管的尺寸必须仔细设计，以避免意外地错把一个 "1" 写入该单元。这类故障常被称为读破坏。

图 9-11 为 SRAM 单元读操作时的电平情况。当行选通线使 M5、M6 导通时，节点 4 的电平没有明显变化，因为没有电流流过 M6。但另一方面，M5、M1 将传输一个非零电流，使节点 3 的电位略有下降。在读期间，$\overline{BL}$ 和 BL 电压的下降值被限制在几十毫伏左右。当 M5、M1 对节点 3 慢慢放电时，节点 1 的电位从初始值为 0 开始上升。需要注意的是，如果在这个过程中传输管 M5 的宽长比大于 M1 的宽长比，节点 1 的电位可能超过 M2 的阈值电压，因此设计时需要保证读期间，节点 1 的最大电位 V_{max1} 不能超过 M2 的阈值电压 V_{th2}，即保证 M2 在读期间保持截止状态，如式（9-18）所示。

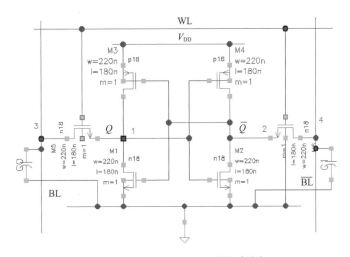

图 9-11　CMOS SRAM 分析（读）

$$V_{max1} \leqslant V_{th2} \tag{9-18}$$

假设 M5 导通后，节点 1 的电位近似等于电源电压 V_{DD}，则 M5 管工作在饱和区，而 M1

管工作在线性区，可得：

$$\frac{k_{N5}}{2}\left(V_{DD}-V_1-V_{thN}\right)^2=\frac{k_{N1}}{2}\left[2\left(V_{DD}-V_{thN}\right)V_1-V_1^2\right] \tag{9-19}$$

式中　V_1——节点 1 的电压；

　　V_{thN}——NMOS 管的阈值电压；

　k_{N1}，k_{N5}——计算公式见式（6-2）。

近似有：

$$\frac{k_{N5}}{k_{N1}}=\frac{(W/L)_5}{(W/L)_1}<\frac{2\left(V_{DD}-1.5V_{thN}\right)V_{thN}}{\left(V_{DD}-2V_{thN}\right)^2} \tag{9-20}$$

式（9-20）给出了 M5 和 M1 的宽长比（W/L）取值上限，由于 M5 的漏电流也会对节点 1 的寄生电容进行充电，因此，该上限是一种比较保守的取法。

考虑单元的 $\overline{BL}$ 这一边，一个较大容量存储器的位线电容在 pF 的数量级范围，因此当启动读操作时，$\overline{BL}$ 的值仍停留在预充电值 V_{DD} 上。两个 NMOS 管的这一串联组合把 $\overline{BL}$ 下拉至地。对于一个小尺寸单元，希望这些晶体管的尺寸尽可能接近最小值，但这会使大的位线电容放电很慢。当 BL 和 $\overline{BL}$ 之间建立起电位差时，灵敏放大器启动以加速读取过程。

当 WL 上升时，这两个 NMOS 管之间的中间节点 $\overline{Q}$ 也被拉向 $\overline{BL}$ 的预充电值。$\overline{Q}$ 电压的上升不能太高，以免引起显著的电流流过 M3 ～ M4 反相器，这在最坏情况下会使单元翻转。因此有必要使晶体管 M5 的电阻大于 M1 的电阻，以避免这种情况发生。

图 9-12 为 SRAM 单元写操作时的电平情况。假设数据"1"存放在该单元中。通过使 $\overline{BL}$ 置为 1 和 BL 置为 0 可以把数据"0"写入这个单元，这相当于在 SR 锁存器上加一个复位脉冲。如果器件尺寸合适，这会使触发器改变状态。此时 M1 和 M4 截止，晶体管 M2 和 M3 工作在线性区，而单元存取晶体管 M5 和 M6 导通前，节点 1、2 的电压分别为 V_{DD} 和 0V。

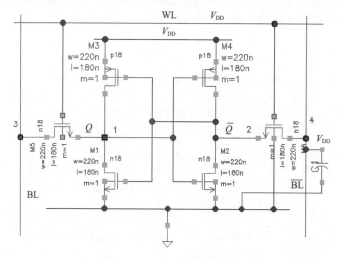

图9-12　CMOS SRAM分析（写）

在向 SRAM 中写入"0"时，节点 3 被数据写入电路系统强行置为逻辑"0"电平，因此，可假设节点 1 电平为 0V。一旦选通信号使 M5、M6 导通，节点 2 的电压仍低于 M1 的阈值电压，因为节点 2 的电平不足以使 M1 导通。为了改变存储的信息，即置节点 1 电压为 0V，节点 2 电压为 V_{DD}，节点 1 电压必须降到低于 M2 的阈值电压，因此 M2 首先截止。当节点 1 电压等于阈值电压时，M5 工作在线性区而 M3 工作在饱和区，可得：

$$\frac{k_{P3}}{2}\left(0 - V_{DD} - V_{thP}\right)^2 = \frac{k_{N5}}{2}\left[2\left(V_{DD} - V_{thN}\right)V_1 - V_1^2\right] \tag{9-21}$$

式中 V_{thP}——PMOS 管的阈值电压；

        k_{P3}——计算公式见式（6-3）。

将 $V_1 = V_{thN}$ 代入，可得：

$$\frac{k_{P3}}{k_{N5}} = \frac{\mu_N\left(W/L\right)_3}{\mu_P\left(W/L\right)_5} < \frac{2\left(V_{DD} - 1.5V_{thN}\right)V_{thN}}{\left(V_{DD} + V_{thP}\right)^2} \tag{9-22}$$

式中，μ_N、μ_P 分别为电子迁移率和空穴迁移率。

如果式（9-18）的条件得到满足，那么晶体管 M2 在写"0"工作过程中将强制进入截止模式。这将保证 M1 随之导通，从而修改存储的信息。同理，由对称性可以确定 M4 和 M6 的宽长比。

通常 SRAM 存储单元都做成阵列结构，多个存储单元共用一根字线，在连续进行写入操作时，如果时序上配合不当，就有可能用前次位线上的数据改写同一根字线上的其他单元中的数据，进行高速存储器设计尤其要注意这一点。另外，SRAM 存储单元中的 MOS 管合适的宽长比值是保证存储单元能够高速地进行写入数据操作的关键。

9.3.3　单元性能指标

■ （1）存储容量

存储容量是半导体存储器存储信息量大小的指标，是指存储器所能容纳二进制信息的总量。半导体存储器的容量越大，存放程序和数据的能力就越强。

1 位二进制数为最小单位（bit，单位中用 b 表示），8 位二进制数为一个字节（byte，单位中用 B 表示）。容量通常用下式表示：

$$\text{容量（SIZE）} = \text{存储字数（单元数）} \times \text{存储字长（每单元的比特数）} \tag{9-23}$$

例如：

1Mb=1M×1bit=128K×8bits=256K×4bits=1M 位

1MB=1M×8bits=1M 字节

■ （2）存取速度

存储器的存取速度是用存取时间来衡量的，存取时间又称为访问时间或者读写时间，它是指从启动一次存储器操作到完成该操作所经历的时间。

例如，读出时间是指从 CPU 向存储器发出有效地址和读取命令开始，直到将被选单元的内容读出送上数据总线为止所用的时间；写入时间是指从 CPU 向存储器发出有效地址和写命令开始，直到信息写入被选中单元为止所用的时间。显然存取时间越短，存取速度越快，存取速度对 CPU 与存储器的时间配合是至关重要的。如果存储器的存取速度太慢，与 CPU 不能匹配，则 CPU 读取的信息就可能有误。

■ （3）存储器功耗

存储器功耗是指它在正常工作时所消耗的电功率。通常，半导体存储器的功耗和存取速度有关，存取速度越快，功耗也越大。因此，在保证存取速度的前提下，存储器的功耗越小，存储器件的工作稳定性越好。

■ （4）可靠性

半导体存储器的可靠性是指在规定的时间内，存储器无故障读写的概率。从另一方面来讲，就是它对周围电磁场、温度和湿度等的抗干扰能力。由于半导体存储器常采用 VLSI 工艺制造，可靠性较高，寿命也较长，平均无故障时间可达数千小时。

通常用平均无故障时间（MTBF, mean time between failures）来衡量可靠性。MTBF 可以理解为两次故障之间的平均时间间隔，MTBF 越长，说明存储器的性能越好。

■ （5）集成度

半导体存储器的集成度是指它在一块数平方毫米芯片上能够集成的晶体管数目，有时也可以用每块芯片上集成的"基本存储电路"个数来表征。

■ （6）稳定性

嵌入式 SRAM 是 SoC 的重要组成部分，其稳定性直接影响 SoC 的性能。随着半导体技术的不断进步，MOS 器件的尺寸不断缩小，这有利于提高 SRAM 性能，减小面积，降低功耗。然而，随着工艺特征尺寸的进一步缩小（尤其进入 65nm 以后），栅长 L、栅宽 W、氧化层厚度 T_{ox} 以及掺杂分布等工艺波动性，对器件带来的影响不容忽视，其中随机掺杂波动（random dopant fluctuation，RDF）的影响最大，它会严重影响小几何尺寸晶体管（特别是 SRAM 单元）的阈值电压 V_{th}，导致失效率迅速上升。

在数字电路中，工艺参数变化会很大程度上导致延时和漏电流变化。工艺参数变化分为全局参数变化与局部参数变化两种。其中，全局参数变化会影响所有的晶体管的参数（如阈值电压），使得所有晶体管的参数同时增大或减少，但对晶体管之间失配影响很小。而局部参数变化指晶体管参数变化方向不同，有的增大，有的减小。局部变化又可分为系统变化和随机变化。系统变化指一个晶体管参数变化与相邻晶体管有关，随机变化指相邻两个晶体管的参数变化互不相干。系统变化不会造成相邻晶体管之间很大差异，而随机变化会造成相邻晶体管失配。

SRAM 的稳定性主要包括读稳定性和写稳定性。读稳定性指读操作时存储单元抗干扰的能力。读操作：如图 9-11 所示，首先位线 BL 和 $\overline{BL}$ 被充电到高电平，然后字线 WL 变为高电平有效。假设反相器两个节点 $\overline{Q}$ 和 Q 电压分别为"0"和"1"，$\overline{Q}$ 节点的低电压在字线电平变高后开始对 BL 放电。这个放电过程也会导致 $\overline{Q}$ 节点电压升高，在字线关闭之前，如果 $\overline{Q}$ 电压高过另外的反相器的翻转电压点时，两个反相器就会翻转，$\overline{Q}$ 节点电压变为"1"，Q 节点电压变为"0"，这样原来存储在单元中的内容就遭到破坏。所以要想提高读稳定性，就是要保证在字线关闭之前，$\overline{Q}$ 节点最高电压小于反相器翻转电压，这两个电压差叫作读裕度（read margin，RM）。假设由于随机掺杂导致 M4 的 V_{th} 变小，则 $\overline{Q}$ 电压被抬得更高，就有可能到达反相器翻转电压，使原有数据翻转。业界常用静态噪声容限（SNM）表示读稳定性，SNM 越大，抗噪声越强，单元内部数据越不容易受破坏。写稳定性指外部向存储单元写入新数据的难易程度。

写操作：如图 9-12 所示，首先位线 BL 和 $\overline{\text{BL}}$ 被充到高电平，然后新数据写入，之后字线 WL 变为高电平有效。假设新数据写入之前 Q 节点电压为"1"，$\overline{Q}$ 节点电压为"0"。写入的新数据将 $\overline{\text{BL}}$ 上的电平拉到"0"，字线有效后，$\overline{\text{BL}}$ 对 Q 节点放电，使得它的电压逐渐下降，如果在字线关闭之前，Q 的电压低于反相器的翻转电压，则新的数据写入到存储单元中。假设由于随机掺杂导致 M1 的 V_{th} 变小，则 Q 点的电压没有低到反相器翻转电压，Q 和 $\overline{Q}$ 点的电压就还保留原来的值，新数据写入失败。由此可知，要想提高写稳定性，就要保证在字线关闭之前，M1 节点放电后的电压远小于反相器翻转电压。这个电压差叫作写裕度（write margin）。

在 90nm 工艺之前，SRAM 的读写稳定性可通过调节存储单元的尺寸来保证。在所有的参数波动来源中，由沟道区随机掺杂引起阈值电压变化对小尺寸晶体管的失配影响最大，尤其是在面积要求苛刻的 SRAM 存储单元中更是如此。参数变化带来的影响与晶体管尺寸有关，为了降低这种不利影响，可以优化晶体管的长和宽，但是对 SRAM 而言，任何优化都必须考虑到面积和漏电流，而且 SRAM 的组织形式，如列数、行数和冗余列数，都会影响到失效概率。因此，采用统计的方法设计 SRAM 单元和架构对降低失效概率和提高纳米技术的良率很重要。

在分析 SRAM 单元的瞬态特性时，可以发现读操作是关键操作。它要求通过所选单元的两个堆叠的小晶体管来对大的位线电容充（放）电。写时间是由一对交叉耦合反相器的传播延时来决定的，因为驱使 BL 和 $\overline{\text{BL}}$ 至所希望值的驱动器可以很大。为了加快读的时间，SRAM 采用了灵敏放大器。一旦在 BL 和 $\overline{\text{BL}}$ 之间建立起电压差，灵敏放大器即启动并很快使其中一条位线放电。

六管 SRAM 单元虽然简单可靠，但占用较大的面积。除器件本身之外，它还要求有信号布线及连接到两条位线、一条字线以及两条电源轨线上。把两个 PMOS 晶体管放在 N 阱中也占用了不少面积。因此大容量存储阵列的设计者提出了其他单元结构，这些结构不仅改进了管子的拓扑结构，而且也采用了一些特殊的器件以及更为复杂的工艺。

图 9-13 所示为电阻负载 SRAM 单元（也称为四管 SRAM 单元）。这一单元的特点是用一对电阻负载 NMOS 反相器来代替原来的一对交叉耦合 CMOS 反相器。即用电阻来代替

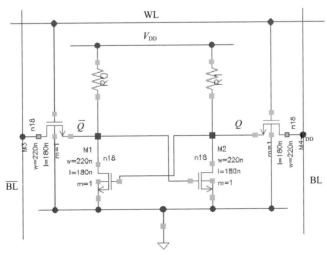

图9-13　电阻负载SRAM单元

PMOS 管，因而简化了布线，单元面积尺寸也大大减小。

在分析 SRAM 单元的写操作时，由于位线在外部预充电，单元不涉及上拉过程，所以不必像通常的逻辑那样要为很大的上拉器件付出代价。因此一个先进的 SRAM 工艺技术应当包含特殊的电阻，它们可以做得尽可能地大，以使静态功耗最小。

保持每个单元的静态功耗尽可能低是 SRAM 单元设计优先考虑的主要问题。唯一的选择是使负载电阻尽可能地大，一个阻值很大但仍然非常紧凑的电阻可以采用未掺杂的多晶硅来制造。对于上拉电阻唯一的附加限制是应当能维持住单元的原有状态，即它能补偿漏电流。在目前的工艺中采用具有较高阈值的器件来达到低漏电。

9.4 动态随机存储器实例

【例 9-3】设计动态随机存储器单元电路并分析其工作原理。

动态随机存储器（dynamic random access memory，DRAM）是一种半导体存储器，主要的作用原理是利用电容内存储电荷的多少来代表一个二进制比特（bit）是 1 还是 0。由于在现实中晶体管会有漏电流的现象，导致电容上所存储的电荷数量并不足以正确地判别数据，而导致数据毁损。因此对于 DRAM 来说，周期性的充电是无可避免的。因为这种需要定时刷新的特性，所以被称为"动态"存储器。

与 SRAM 相比，DRAM 的优势在于结构简单——每一个比特的数据都只需一个电容跟一个晶体管来处理，相比之下，在 SRAM 上一个比特通常需要六个晶体管。正因这个缘故，DRAM 拥有非常高的密度，单位体积的容量较高，因此成本较低。但相反地，DRAM 也有访问速度较慢、耗电量较大的缺点。

图 9-14 为三管单元，这一单元构成了第一批常用的 MOS 半导体存储器的内核，应用于20 世纪 70 年代早期。虽然在今天非常大容量的存储器中它已被更节省面积的单元替代，但它仍然是许多嵌入在专用集成电路中的存储器所选择的单元。这主要归因于它在设计和操作方面都相对比较简单。三管单元中读选择线和写选择线是分开的，读数据线和写数据线也是分开的。它利用一个晶体管 M2 作为存储器件，另外两个晶体管分别为读、写开关。

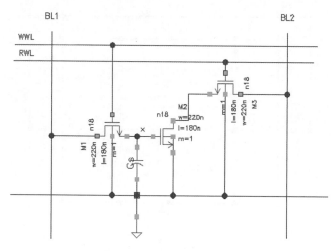

图9-14 三管动态存储单元

这个单元是通过把要写的数据值放在 BL1 上并使写字线 WWL 有效来写入的。一旦 WWL 降低，数据就作为电容上的电荷被保留下来。在读这一单元时，读字线 RWL 被提升。存储管 M2 根据所存放的值导通或者关断。位线 BL2 通过一个负载器件（例如接地的 PMOS 或饱和的 NMOS）定位到 V_{DD}，或者预充电至 V_{DD} 或 $V_{DD}-V_T$。前一种方法需要仔细设计晶体管的尺寸并会引起静态功耗，因此预充电方法一般更为可取。如果存放的数据是"1"，则 M2 和 M3 的串联把 BL2 下拉至低电平；反之，则 BL2 维持在高电平。注意，这一单元是反相位的，即把与所存放信号相反的值送到位线上。刷新单元最常用的方法是先读出所存放的数据，然后把它的反信号值放到 BL1 上，再使 WWL 有效，这样依次进行。

三管单元的特点如下：

① 不同于 SRAM 单元，三管单元对器件间的尺寸比没有任何约束，这是动态电路的共同性质。器件尺寸的选择只需要基于性能和可靠性方面的考虑。

② 不同于其他 DRAM 单元，读三管单元的内容是非破坏性的，即存放在单元中的数据值不会受读操作的影响。

③ 不需要任何特殊的工艺处理步骤。三管单元的存储电容实际上就是读出器件的栅电容。这一点不同于下面要讨论的其他 DRAM 单元，这使它对嵌入式存储器的应用极具吸引力。

④ 当写"1"时，存储节点上的存放值有 V_{TN} 的损失。这一阈值损失减少了在读操作期间流经 M2 的电流，因而增加了读取访问时间。

三管 DRAM 存储单元的读取操作不改变存储内容，而且读入的速度还要快些，但有包括两条位线和两条字线的四条连线，同时额外的接触会增加芯片的面积。

9.4.1 单管动态存储单元结构

动态存储器的存储单元也有很多形式，有四管单元、三管单元和单管单元，目前大容量存储器基本上都是单管单元。单管动态 MOS 存储单元由一个晶体管和一个存储电容组成，每个单元只接一根位线和一根字线，结构和电路如图 9-15 所示。

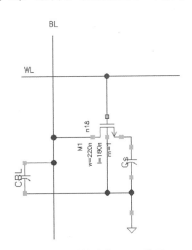

图9-15 单管动态RAM单元

电路中 MOS 管 M1 用作传输门开关，信息存储在电容 C_S 上。在硅栅工艺中，电容 C_S 就是由栅氧化层作为介质的氧化层电容和 PN 结电容组成的。这个电容上是否充有电荷的两种状态就可以分别表示存储"1"和"0"。假设该电容没有充电，代表存储"0"，这是一个稳定的自然状态。当字线 WL 出现高电平时，MOS 管开启，这时位线 BL 若是高电平，就将对电容器充电。此过程表示写入了存储信息"1"。这是一个不稳定的状态，因为当 MOS 管关闭后，电容器上充的电荷将逐渐泄漏。漏电越小，保持信息的时间就越长，所以对单管 DRAM 需要定期刷新才能保证不丢失存储的信息。值得注意的是，逻辑电路中的高电平应遵照噪声裕度的定义，不能认为从高电平"1"转变到低电平"0"的时间是保持时间。例如，设 +5V 为逻辑高电平，当电压衰减到 +4V 时就应启动刷新电路工作，否则存储器信息就可能被丢失。

单管动态存储器的结构与静态存储器大致相同，但由于其结构的特点，所以有其特殊的地方。

■ （1）虚单元的设置

为了提高灵敏放大器的抗干扰能力，应当使放大器的两个输入端对称，为此往往把一条位线上的存储单元分成两半，对称地安排在灵敏放大器的两侧，以便在未读出前保持两边的平衡。此外，为了减小干扰，还在灵敏放大器的两侧设置一个虚单元，如图 9-16 所示。虚单元是与数据单元相同的额外单元，设置虚单元的目的有两个：

① 把耦合噪声（字线的信号通过 MOS 管的分布电容对位线 B 产生的串扰）引起的不平衡减至最小。

② 为灵敏放大器提供一个参考电压 V_R，以最大限度地鉴别数据"1"和"0"信号。

对虚单元最基本的要求是选上它以后，在位线上产生的读出电平应介于读"1"和读"0"的电平之间，这个电平就被用作参考电压 V_R。为了做到这一点，一个预充电发生器预先把虚单元的存储电容充电到参考电压。在工作时，当选中左边存储字时，同时右边的虚单元也被选中。这样，因分布电容而产生的对 B 的干扰信号，就可以被右侧虚单元处对 $\overline{B}$ 的干扰平衡掉。

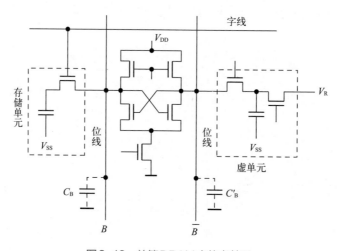

图9-16　单管DRAM中的虚单元

虚单元的选择有两种方案：

① 虚单元中的管子和电容设计得和存储单元中的管子及电容一样，称为"半电压"方案。

② 虚单元中的电容设计为存储单元中电容的一半，称为"半电荷"方案。

■ （2）灵敏放大器

在单管 DRAM 中，要求灵敏放大器能执行刷新功能。在单管 DRAM 中，写操作是把数据放在位线上，同时用字线控制这些数据写入存储电容而完成的。读操作是靠预充电位线和提高字线来实现的。在读"0"时，由于读操作时位线被预充电到高电平，所以对于存"0"单元的读出是破坏性的。为了不使信息丢失，就要求存"0"单元在读出后能恢复原来的状态。所以，在读出后要将位线降至零电平，以便将零电平回写至存"0"单元的电容上，这就是所谓的"恢复"。虽然，读"1"时是非破坏读出，但是，存储的电荷会泄漏，所以对于存"1"单元也要及时地刷新。实际上，在对存"1"单元进行读出时，就同时进行了刷新。这是因为在对存"1"单元进行读出时，门管打开，使单元的电容和位线连通。所以，存"1"单元被选一次，就进行一次刷新。

目前，灵敏放大器有很多形式，其基本的部分是一个平衡触发器，如图 9-16 中间部分所示。灵敏放大器是决定 DRAM 性能的关键，所以对其进行了许多改进。改进的方向主要是：

① 提高灵敏放大器的灵敏度；

② 降低功耗；

③ 加快存取速度；

④ 提高抗干扰能力。

9.4.2　读写操作

对单管 DRAM 进行写操作时，字线开启开关管 M1，数据总线向各条位线送入相应的电平信号，向各指定单元写入确定的信息。例如要写入"1"，位线上出现高电平，不管原存储单元处于什么状态，都通过开关管对电容充电，写入信息"1"。当位线送入低电平时，将使存储电容放电至零，写入信息"0"。

读操作时，要把存储电容器上的信息经过开关管从位线上取出来。通常每一列位线上都连有许多存储单元，因此位线上具有较大的分布电容，往往这个电容比每个存储单元中的 MOS 存储电容还要大。所以读出时位线上出现的电平很微弱，需要由很灵敏的读出放大器放大后送至数据输出端。通常把灵敏放大器设置在位线的中央位置，即一条位线上的所有存储单元，对称地排列在灵敏放大器两侧，以便在未读出前两边保持平衡。另外，字线与位线间、字线与存储电容之间都存在寄生电容，地址译码器行驱动信号往往又比较强，所以字线对位线上读出的微弱信号有较强的干扰。因此，在读出放大器两侧还对称地设置有虚单元，就是和存储单元结构类似的单元。存储阵列中所有的虚单元都各自接在一条类似于字线的线上。

从单管单元的工作过程可以看到，这一类存储单元简单，但是需要高灵敏度的读出放大器和较复杂的外围电路。为了增大存储器容量和降低功耗，在设计时应力求降低动态单元中各种漏电流。存储单元漏电的途径是：

① 门管源漏间 PN 结反偏漏电。

② 存储电容器漏电。

③ 当相邻两存储电容存有相反信息时，由寄生晶体管引起漏电。

仔细设计存储单元的版图形状和结构，优化调整工艺参数，可使上述各漏电流减至最小。

因为 DRAM 存储单元的访问是随机的，有可能某些存储单元长期得不到访问，不进行存储器的读 / 写操作，其存储单元内的原信息将会慢慢消失，所以必须采用定时刷新的方法。刷新的实质是先将原存储信息读出，再由刷新放大器形成原信息并重新写入的再生过程。规定在一定的时间内，对 DRAM 的全部存储单元电路做一次刷新，这一段时间间隔叫作刷新周期，或叫再生周期，一般取 2ms、4ms 或 8ms。

刷新与行地址有关。刷新是一行行进行的，必须在刷新周期内，由专用的刷新电路来完成对基本单元电路的逐行刷新，才能保证 DRAM 内的信息不丢失。假定：

① 刷新周期为 2ms。

② 存取周期为 $0.5\mu s$，即刷新 1 行的时间为 $0.5\mu s$（刷新时间是等于存取周期的。因为刷新的过程与一次存取相同，只是没有在总线上输入输出。存取周期 > 真正用于存取的时间，因为存取周期内、存取操作结束后仍然需要一些时间来更改状态。对于 SRAM 也是这样，对于 DRAM 更是如此）。

③ 对 128×128 矩阵的存储芯片进行刷新，按存储单元（1B/ 单元）分为 128 行、128 列，即 $128×128×1B/$ 单元 $=2^{14}$ 单元 $×1B/$ 单元 $=16KB$ 内存（如果是 64×64 的矩阵，则为 $64×64×1B/$ 单元 $=2^{12}$ 单元 $×1B/$ 单元 $= 4KB$ 内存）。

通常有三种刷新方式：集中刷新、分散刷新和异步刷新。

① 集中刷新。集中刷新是在规定的一个刷新周期内，对全部存储单元集中一段时间逐行进行刷新，此刻必须停止读 / 写操作。用 $0.5\mu s×128=64\mu s$ 的时间对 128 行进行逐行刷新，由于这 $64\mu s$ 的时间不能进行读 / 写操作，故称为"死时间"或访存"死区"。由于存取周期为 $0.5\mu s$，刷新周期为 2ms，即 4000 个存取周期。补充一点：为什么刷新与存取不能并行？因为内存仅一套地址译码和片选装置，刷新与存取有相似的过程，它要选中一行——这期间片选线、地址线、地址译码器全被占用着。同理，刷新操作之间也不能并行——意味着一次只能刷新一行。

② 分散刷新。分散刷新是指对每行存储单元的刷新分散到每个存取周期内完成。其中，把机器的存取周期 T_c 分成两段，前半段 T_m 用来读 / 写或维持信息，后半段 T_r 用来刷新，即在每个存取操作后绑定一个刷新操作。延长了存取周期，这样存取周期就成了 $0.5\mu s+0.5\mu s =1\mu s$。但是由于与存取操作绑定，就不需要专门给出一段时间来刷新了。这样，每有 128 个读取操作，就会把 0 ~ 127 行全部刷新一遍。故每隔 $128\mu s$ 就可将存储芯片全部刷新一遍，即刷新周期是 $1\mu s×128=128\mu s$，远小于 2ms，而且不存在停止读 / 写的死时间，但是存取周期长了，整个系统速度降低了。分散刷新的刷新周期为 $128\mu s$，其实不需要这么频繁刷新，会导致浪费。

③ 异步刷新。既可以缩短"死时间"，又充分利用最大刷新间隔为 2ms 的特点。具体操作为：在 2ms 内对 128 行各刷新一遍。即每隔 $15.6\mu s$ 刷新一行（$2000\mu s/128 ≈ 15.6\mu s$），而每行刷新的时间仍为 $0.5\mu s$。这样，刷新一行只能停止一个存取周期，但对每行来说，刷新间隔时间仍为 2ms，而死时间为 $0.5\mu s$。相对每一段来说，是集中式刷新；相对整体来说，是分散式刷新。如果将 DRAM 的刷新安排在 CPU 对指令的译码阶段，由于这个阶段 CPU 不访问存储器，所以这种方案既克服了分散刷新需独占 $0.5\mu s$ 用于刷新，使存取周期加长且降低系统速度的缺点，又不会出现集中刷新的访存"死区"问题，从根本上提高了整机的工作效率。

9.5 存储器的发展趋势

20 世纪 70 年代以后，集成半导体存储器主要是动态随机存储器（DRAM）、静态随机存储器（SRAM）和与非型闪存（NAND Flash）这三种。可以从易失性的角度将半导体存储器进行详细的分类，易失性的随机存取存储器，有静态与动态随机存取存储器两种；非易失性的，又可以细分为浮栅型存储器、SONOS（硅 - 氧化物 - 氮化物 - 氧化物 - 硅）电荷俘获存储器、只读存储器（如闪存），和一些新兴的存储器，例如阻变存储器（RRAM）、相变存储器（PCRAM）、铁电存储器（FeRAM）、磁阻存储器（MRAM）、聚合物存储器等。

半导体存储器是现代半导体行业的三大支柱之一，在存储器中，DRAM 和 NAND Flash 分别约占据了存储器市场的 56% 和 40%，是应用最广泛的两种半导体存储器。1970 年，全球第一个可获取的 DRAM 芯片诞生了。1973 年，出现了全球第一个带有 1 个晶体管和 1 个电容（1T1C）结构的 DRAM 芯片。我国的 DRAM 技术也在一直向前推进着。然而，到了今天，DRAM 技术的发展也遇到了一些挑战，包括多重图形化、邻近效应和存储节点泄漏等。

在过去，程序员可以把存储器看成一个线性的随机访问的存储设备，因为存储器相对于其他部分的耗时是比较短的。然而，根据摩尔定律（Moore's law）的预测，处理器的时钟频率每两年就会提升一倍，而内存的访问速度则是要六年才能提升一倍。因为存储器的性能提升远远跟不上处理器的发展速度，现在必须要充分理解存储器的层次结构才能获得良好的性能，需要对于访存时间"精打细算"。

在存储器领域的提升有两个主要方向：一个是存储系统结构的研究，提出新的存储策略；另一个方向就是新型存储器的研究。目前世界各大半导体厂商，一方面在致力于成熟存储器的大容量化、高速化、低电压、低功耗化，另一方面根据需要在原来成熟存储器的基础上开发各种特殊存储器。

■（1）存储器集成度不断提高

由于受到 PC（个人计算机）和办公自动化设备普及要求的刺激，对 DRAM 需求量日益激增，再加上系统软件和应用软件对内存有越来越大要求的趋势，特别是新一代操作系统以及很多与图形图像有关的软件包都对内存容量提出了更大的要求，促使亚微米集成电路技术不断发展，提高存储器的集成度，不断推出大容量化存储器芯片。在半导体领域一直遵循有名的"摩尔定律"——集成度以每 18 个月提高一倍的速度在发展。集成电路集成度越高，所需要采用的工艺线宽就越小，当半导体线宽尺寸小于电子波长时，就会产生量子效应。为此正在发展硅量子细线技术和硅量子点技术的新工艺技术，进一步提高半导体的集成度，做出更大容量的存储器芯片。

■（2）高速存储器的发展

随着微处理器速度的飞速发展，存储器的发展远不能跟上微处理器速度的提高，而且两者的差距越来越大，这已经制约了计算机性能的进一步提高。目前，一般把访问时间小于 35ns 的存储器称为高速存储器。随着时间的推移，高速存储器访问的时间将越来越少。20 世纪 80 年代末起，随着 GaAs 和 BiCMOS（双极 CMOS）工艺的长足发展，世界各大半导体公司都在开发利用 GaAs 和 BiCMOS 工艺的技术，来提高 SRAM 的速度。为了适应高速 CPU 构成高性能系统的需要，高速 DRAM 技术在不断发展。发展高速 DRAM 的途径一般是把注意力集中在存储器芯片的片外附加逻辑电路上，试图在片外组织连续数据流来提高单位时间内数据流量，即增加存储器的带宽。

■ （3）存储器的低工作电压、低功耗化

随着用电池供电的笔记本式计算机和各种便携式电子产品的问世，要求尽量减少产品的体积、重量和功耗，还要求产品耐用。减小系统体积和重量很重要的方面就是需要减少电池的数量，这又必然要求所用芯片的工作电压降低；耐用就需要降低芯片的功耗。由此就促使低压半导体器件的研究和开发，包括低压的存储器。采用低电压集成电路技术后，芯片的功耗也大幅度降低，而且其工作速度并没有明显下降，这时电池的重量可以减轻 40 %，同时电池的寿命延长了 3 ～ 4 倍，系统发热量降低，整个系统的体积也不断减小。

■ （4）新型动态存储器

根据某些特定的需要，已开发出一些新型的动态存储器。例如，为了提高扫描显示和通信速度以及用于多处理机系统的双端口 SRAM（dual-port SRAM），为了解决图形显示的带宽瓶颈而设计的用于图形卡的视频读写存储器 VRAM（video RAM），为了改善 Windows 图形用户接口中图形性能的 WRAM（Windows RAM），可用于多处理器系统高速通信的 FIFO（先进先出）存储器，等等。

习题

一、名词解释

1. 静态存储器

2. 动态存储器

3. 虚单元

二、简答题

1. 简述存储器的主要结构及各部分的作用。

2. 比较各类存储器的优缺点。

3. 画出由 NMOS 组成的六管静态存储单元的电路图，说明其工作原理。

4. 画出由 NMOS 组成的单管动态存储单元的电路图，说明其工作原理。

5. 简述单管动态存储器设置虚单元的作用。

6. 试说明静态 RAM 和动态 RAM 的特点。

参考文献

[1] 弗兰西拉. 微加工导论. 陈迪，刘景全，朱军，等译. 北京：电子工业出版社，2006.

[2] 赞特. 芯片制造：半导体工艺制程实用教程. 赵树武，朱践知，于世恩，等译. 4版. 北京：电子工业出版社，2004.

[3] 刘玉岭，李薇薇，周健伟. 微电子化学技术基础. 北京：化学工业出版社，2005.

[4] 夸克，瑟达. 半导体制造技术. 韩郑生，等译. 北京：电子工业出版社，2004.

[5] 何杰，夏建白. 半导体科学与技术. 北京：科学出版社，2007.

[6] Sze. VLSI technology. 2nd ed. New York: McGraw-Hill. 1998.

[7] Bachman. The materials science of microelectronics. New York: Wiley-VCH, 1995.

[8] The Society of Chemical Engineers of Japan. Introduction to VLSI process engineering. New York: Chapman and Hall, 1993.

[9] 关旭东. 硅集成电路工艺基础. 北京：北京大学出版社. 2003.

[10] 蔡懿慈，周强. 超大规模集成电路设计导论. 北京：清华大学出版社，2005.

[11] 张亚非. 半导体集成电路制造技术. 北京：高等教育出版社，2006.

[12] 杨向荣，张明，王晓临，等. 新型光刻技术的现状与进展. 材料导报，2007, 21（5）:102-104.

[13] 庄同曾. 集成电路制造技术：原理与实践. 北京：电子工业出版社，1987.

[14] 李薇薇，王胜利，刘玉岭. 微电子工艺基础. 北京：化学工业出版社，2007.

[15] 普卢默，等. 硅超大规模集成电路工艺技术：理论、实践与模型. 严利人，王玉东，熊小义，等译. 北京：电子工业出版社，2005.

[16] 拉扎维. 模拟CMOS集成电路设计. 陈贵灿，程君，张瑞智，等译. 西安：西安交通大学出版社，2002.

[17] 施敏. 半导体器件物理与工艺（第二版）. 赵鹤鸣，钱敏，黄秋萍，译. 苏州：苏州大学出版社，2002.

[18] 霍奇斯，等. 数字集成电路分析与设计：深亚微米工艺. 蒋安平，王新安，陈自力，等译. 3版. 北京：电子工业出版社，2005.

[19] 陈星弼，张庆中. 晶体管原理与设计. 2版. 北京：电子工业出版社，2006.

[20] 格雷. 模拟集成电路的分析与设计. 张晓林，等译. 4版. 北京：高等教育出版社，2005.

[21] 马群刚，李跃进，杨银堂. 按比例缩小技术在微纳米中的挑战和对策. 固体电子学研究与进展，2003, 23（4）：464-469.

[22] 拉贝艾，等. 数字集成电路——电路、系统与设计. 周润德，等译. 2版. 北京：电子工业出版社，2004.

[23] 康松默，等. CMOS数字集成电路——分析与设计. 王志功，等译. 3版. 北京：电子工业出版社，2005.

[24] 朱正涌. 半导体集成电路. 北京：清华大学出版社，2001.

[25] 尤耶缪拉. 超大规模集成电路与系统导论. 周润德，译. 北京：电子工业出版社，2005.

[26] 电子信息通信学会，岩田穆，角南英夫. 超大规模集成电路：基础·设计·制造工艺. 彭军，译. 北京：科学出版社，2008.

[27] 鞠家欣. 现代数字集成电路设计. 北京：化学工业出版社，2006.

[28] 宋玉兴，任长明. 超大规模集成电路设计. 北京：中国电力出版社，2004.

[29] 王志功，朱恩. VLSI设计. 北京：电子工业出版社，2005.

[30] 刘艳萍，高振斌，李志军. EDA实用技术及应用. 北京：国防工业出版社，2006.

[31] 任艳颖，王斌. IC设计基础. 西安：西安电子科技大学出版社，2004

[32] 罗萍，姚素英 . 集成电路设计导论 . 2 版 . 北京：清华大学出版社，2016.

[33] 王兆明，兰家隆，刘昌孝 . 数字集成电路的分析与设计 . 北京：电子工业出版社，1991

[34] 顾德仁，万栋义 . 脉冲与数字电路 . 2 版 . 北京：高等教育出版社，1989.

[35] 张建人 . MOS 集成电路分析与设计基础 . 北京：电子工业出版社，1987.

[36] 阎石 . 数字电子技术基础 . 3 版 . 北京：高等教育出版社，1989.

[37] 徐霞生 . MOS 数字大规模及超大规模集成电路 . 北京：清华大学出版社，1990.

[38] 刘立忠 . CMOS 集成电路原理、制造及应用 . 北京：电子工业出版社，1990.

[39] 张廷庆，张开华，朱兆宗 . 半导体集成电路 . 上海：上海科学技术出版社，1986.

[40] 沈绪榜 . 超大规模集成系统设计 . 北京：科学出版社，1991.

[41] 童勤义 . 微电子系统设计导论：专用芯片设计 . 南京：东南大学出版社，1990.

[42] 杨之廉 . 超大规模集成电路设计方法学导论 . 北京：清华大学出版社，1990.

[43] 宋俊德，辛德禄 . 超大规模集成电路与系统设计导论 . 成都：电子科技大学出版社，1989.

[44] 丁嘉种，刘凤云，马琦，等 . 可编程逻辑器件 PLD：基本原理·设计技术·应用实例 . 北京：学苑出版社，
        1990.

[45] 张雷，童长忠，张军 . 可编程逻辑器件设计方法学 . 合肥：中国科学技术大学出版社，1991.

[46] 刘昌孝 . 专用集成电路设计 . 北京：国防工业出版社，1995.